时装画手绘表现技法

从基础到进阶全解析

编著

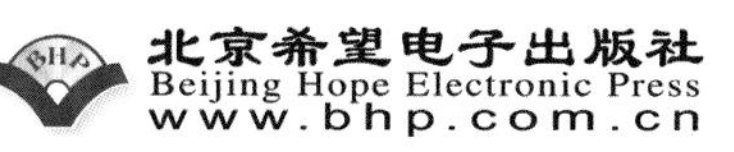

创客诚品

Preface
前言

随着电脑设计软件的成熟与普及，用电脑绘制时装画受到越来越多的年轻人的喜爱。但是，电脑技术即使再成熟也无法完全取代手绘的地位。艺术类学科在基础性训练阶段，无一例外都是以最为传统的手绘或手工方式为起点，其中严谨的构图、巧妙的色彩构成、笔触的控制、情绪的调动等，都是通过手绘的方式进行培养的。绘图技能的提高只是一方面，更加重要的是在手绘过程中逐渐积累和培养的艺术情操、审美、格调等美学修养，是在电脑绘画中难以获取的。在时装画中，需要借助手绘的方式训练基础技能，达到深度认知人体与服装，提高审美与艺术情操的目的。

左衽中圀经过多年时装画和时装设计的教学实践经验，总结出了一套独特的教学方法，并受到了国内外服装高校学生与服装爱好者的欢迎与认可，单就服装手绘这一门课程，每年有超过600位学员不辞辛苦赴京专程学习，至今已经培养了数以千记的专业性人才。在此，将多年的经验进行总结，以帮助更多的年轻设计师成长。我们认为在学习手绘时装画的初级阶段，需要重点训练以下几个方向：

【1】深度认知人体并建立自己的人体模型

服装是以人体为载体而展开的实用型艺术设计，而时装画正是基于此对人物与服装加以美化的艺术表现。人体表现对于初学者来讲至关重要，包含对人体比例、人体动态、人体局部结构（五官、手脚等）的熟练掌握。在学习时装画的初期阶段，切忌心急，应扎扎实实打好人体基本功。

【2】掌握实际着装与平面表现的转换方法

人体是一个三维载体，而表现在纸面上的时装画则是平面绘图，这就需要实现立体和平面的转换，这其中的关键就是对“服装”本身的认知，包括对服装廓形、款式、结构等要素的掌握，以及对服装和人体结合方式的理解。作为初学者，还应对服装的专业知识展开学习，才能轻松实现“由平面到立体”或“由立体到平面”的转化，这样表现的时装画才会准确而生动。

【3】掌握多种绘图工具的基本技法与性能

除了常用的水彩、水粉、彩铅、马克笔、丙烯及相关绘图工具、辅助工具外，还可以大胆尝试。其目的主要有两点：一是从探索中找出自己最擅长、最适合的一种或几种绘图工具，为形成自我风格打下基础；二是从多种工具的绘图技法中提炼总结出属于自己的一套着色技法，提高工作效率。每个独立的绘画门类都有相应的着色工具与着色技法，在绘制时装画时，要博采众长，为创新提供更多可能。而随着绘图水平的提升，还要突破思维界限，尝试任何能“在纸上留下痕迹”的工具、材料，使创作方式得以升华。

【4】掌握服装面料或材质的表现手法

熟练应用常规面料、新型面料、再设计面料和跨界材质是服装设计师的基本功，将这些材质恰如其分地表现出来能更好地传达设计创意。初学者要仔细研究这些面料与材质的特征，借助画笔与技巧模拟表现。也可以说，对服装面料与材质的表现是建立在对绘图工具和技法的认知与掌握的基础上的。

【5】找到属于自己的时装绘画表达风格

设计师应该是独特的、个性鲜明的、与众不同的，这些特性体现在方方面面，包括思维、性格、喜好……进而体现在设计和绘画作品上，用绘图手法去表达设计，用设计思维去引导绘图风格。在学习时装画的前期阶段，模仿别人的技法与风格是快速进步的有效手段，但是，如何在不断学习的过程中，探索出属于自己的绘图风格是需要每一位设计师思考并为之努力的。

以上是在学习时装画初级阶段要重点引导与训练的方面，除此之外，调色方法、褶皱表现、勾线手法等一些细节之处也是时装画学习的重点与难点，需要学习者根据个人经验，结合本教材，通过大量的实践练习逐渐掌握。但我们并不盲目主张一定要靠绘制大量作品的方式来学习，虽然“量变会引起质变”，但阶段性的深度慢写亦很重要，数量与质量结合的方式最佳。

本教程由左衽中圀手绘主讲教师丁香老师历时三年绘制完成，倾注了大量的精力和情感，从上千张作品中精中选优，引导大家一步一步、循序渐进地完成时装画学习中不同阶段的任务，提供给大家一个可行并有效的学习方法。另外，在使用本教程的同时，鼓励大家自由创新，充分发挥和释放潜能与创造力，用轻松、自由、多样化的方式进行学习，以保持活跃的思维方式与积极的情绪，培养出具有个性的时装画表现风格，形成一种服装设计图纸的表现意识，为以后的职业生涯打下良好的基础。

左衽中圀创始人 

2017 年 11 月

Contents

目录

Chapter 01 时装画入门

Chapter 02 用彩铅表现各种面料质感

Chapter 03 用水彩表现多变的时装款式

Chapter 04 用马克笔表现不同风格的时装

Chapter 01

时装画入门

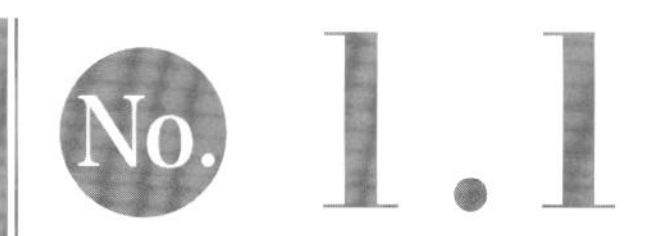

时装画与时装设计

时装设计是一门综合、全面的实用艺术形式，时尚行业也包罗万象。很多初学者认为掌握了绘制时装画的技能，就等于学会了服装设计，这其实是一种误区。时装画是将设计师脑海中的设计意图具象化的关键步骤，而产生创新理念和将这种理念实践出来，则需要更多的技能。换而言之，想要画好时装画，只掌握绘画技能是不够的，还必须学习更多和人体及服装相关的专业性知识。

1.1.1 时装设计的流程

创作时装画，只是时装设计过程中的"冰山一角"。想要成为一名合格的时装设计师，首先必须成为一名"杂家"。从前期的设计调研，到中期的设计开发、打样生产，再到后期的产品推广和市场反馈，虽然设计师并不需要每个流程都亲力亲为，但对各个环节都要有相当程度的了解，甚至要具有统筹协调的能力。

· **设计调研** 这是一个信息爆炸的时代，大众对时尚的敏感达到了前所未有的程度。只有掌握了足够多的信息和咨讯，明确了为何而设计，设计起来才胸有成竹。调研的工作可以分为三大类：市场信息与消费者研究、流行资讯调研和设计灵感调研。在设计之前先找准定位，这样设计才不是盲目的。

↓

· **信息整合——情绪板** 信息整合是将调研阶段收集而来的资料进行梳理、筛选和取舍归纳。当所需的资料和信息确定后，就需要找到一种合适的方式将其组合并呈现出来。大多数设计师会通过创建情绪板来进行信息整合，设计主题、色板、面料、款式以及服饰配件等，每一项细节都在不断思考中逐渐落实。

↓

· **头脑风暴——设计草图** 信息整合后，设计的方向已经比较明确，下面就需要用设计草图对设计构思进行探索和实验。在这个阶段，很多设计方案仍然是不确定的，将脑海中的想法尽可能多地记录下来，再进行选择和细化。

↓

· **设计拓展——时装系列** 虽然有的设计师只设计某种单品，但大多数设计师还是需要设计所有的时装品类。尤其是商业设计师，还需要考虑整个产品线的设计。作为一个时装系列，应具有一定的凝聚力，服装的风格、廓形、色彩、面料，或者是某些设计细节，可以将多个单品关联起来，并有效进行搭配。

↓

· **设计定稿——绘制时装画和平面款式图** 时装画表达的是服装穿着在人体上的着装效果，展现的是时装整体搭配的氛围，因此除了体现出服装款式和结构外，面料的质感、单品之间的搭配、色彩的整体风格以及装饰细节等，都要表现到位。而平面款式图则是将效果图转化为标准的结构图，并补充效果图没有交代清楚的细节，指导样板师进行制板。

↓

· **服装制板** 制板是将二维的平面图纸转化为三维实物的过程。设计师在绘制设计图时就要充分考虑到服装的结构，制板师则将设计稿制作成符合行业标准的板型，或者和设计师通力合作，解决结构或技术上的难题。

↓

· **样衣** 样衣是设计流程中检验实物样品的第一道工序，一些在制板过程中没有显现出来的问题可能在样衣中会被发现，需要设计师和板师进行调整修改。如果比较谨慎，样衣可以制作两次，一次用白坯布制作，解决结构和穿着舒适度等问题；第二次可以用面料制作，比较直观地检验成衣效果。

↓

· **生产和销售** 通常而言，这两个环节会有专人进行管理，但其中很多细节还需要设计师的参与，例如对成品的检验、拍摄宣传照、举行发布会或订货会，以及从销售数据中制定下一季的设计方案等。往往这一季的工作还未结束，就要开始准备新的一季，服装设计就是一季又一季的周期轮回。

1.1.2 时装画应具备的特点

尽管在时装设计的流程中，绘制时装画只是一个小环节，但却是不可或缺的。在设计前期进行的所有工作，对信息分析整合以及创造性的发散思维，都需要借助于纸面上的具体形象传达出来。可以说，这是将抽象思维转化为具体形象的关键一步，是设计师和消费者、设计师和板师沟通的桥梁，也是后续工作顺利展开的保证。

时装画从最初的形式发展到今天，历时四百余年，成为一种兼具艺术性和工艺技术性的特殊形式的画种。它与传统的人物画、风俗画以及新兴的商业插画，既有密不可分的联系，又有其自身的独特性。好的时装画，应该具备以下特点。

针对性

在传世的名画中有诸多人物形象衣饰光鲜，但这些作品都不能称为时装画，因为在这些画作中服装仅仅是作为人物的附属品而存在的。时装画是专门为表现时装或者时尚生活方式而创作的，表现的是人的着装状态，人和服装都是画面的主体。

时尚性和前瞻性

时装画和时尚紧密相关，它不仅要反映出当下人们的着装品位，更要反映出当前社会的政治、经济、文化背景和审美观念。捕捉流行信息、发掘流行规律、预见新流行的到来，并将这些内容在时装画中体现出来，是设计师应该具备的专业素养。

艺术性

时装画在为设计服务的同时，也将绘画语言作为表现形式。笔触、线条、色彩、肌理甚至是人物形象，都应该有设计师的自我风格。不论是自己逐步摸索，还是广泛借鉴，时装画所呈现出来的艺术性，正是设计师审美修养的展现。

应用性与商业性

不论对时装画的表现采用何种工具、何种风格，都要明确，时装画是以时尚产业为依托的。除了装饰性的时尚插画，大部分时装画所表现的服装都应是可实现的制作。这就要求设计师对服装有足够的了解，避免在画面上出现无法制作的服装，或服装结构与人体结构相冲突等问题。

Tips 不同用途的时装画

时装画类型	用途
时尚插画	为时尚品牌或时尚媒体平台而创作的时装画，用于交流、推广、宣传及促销等活动。可以由插画师或设计师自主创作，也可以根据已有的时装作品或时装造型而绘制
时装效果图	时装效果图的目的是将设计师的设计意图具象化，体现出着装者的穿着状态。画面中的人体结构、服装款式、色彩搭配、面料质感和服饰配件等，都要表现得比较详尽
平面款式图	平面款式图是对效果图的补充，是对设计款式更详细的说明。它是制板师制作样板以及后期制定生产工艺的重要依据，因此要表现得准确、清晰、详尽，如果必要还可以辅以文字说明
设计草图	设计草图主要用于快速反映和记录设计师的创意思维，帮助设计师理清思路，明确设计方向。设计草图不需要绘制得非常完整，只要抓住设计灵感，表现出设计构思即可

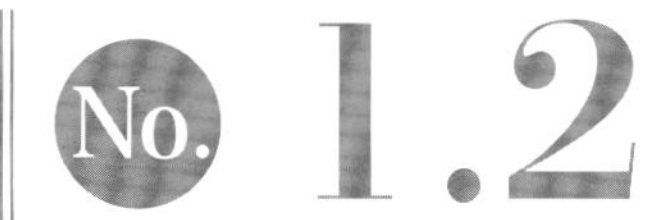

时装画中的常用工具和基本技法

Introduction

不同的工具有不同的特性，想要将其特性充分发挥出来，就需要采用相应的表现技法和一些辅助手段。本书主要采用了彩铅、水彩和马克笔三种工具，它们都属于透明性材质，因此在表现技法上有一定的规律可寻。需要明确的是，不管采用何种工具，人体比例结构、明暗立体关系、色彩搭配和面料质感等，都需要在画面上准确呈现出来。

1.2.1 彩铅工具及基本技法

彩铅是初学者比较容易掌握的一种工具，其笔触细腻，叠色自然，通过对用笔力度和行笔方式的控制能够描绘出精确的细节，而且可以用橡皮进行一定程度的修改。再配合一些辅助工具，彩铅可以表现出极为丰富的画面层次。

彩铅及辅助工具

彩铅的笔芯性质不同，表现效果、采用的表现手法和搭配的辅助工具也不尽相同。

· 绘图彩铅

绘图彩铅绘制出的颜色较浅，可以通过叠色呈现出清新雅致的画面效果，将笔尖削尖后能够绘制非常精细的局部，并且颜色基本可以用橡皮擦除。但是笔尖较脆容易折断，如果用力太大容易划伤纸面。

· 水溶彩铅

水溶彩铅的笔芯能够溶于水，用水调和后可以绘制出类似水彩的效果。水溶彩铅的颜色较为亮丽，笔尖软硬度适中，也可以像绘图彩铅一样直接使用。

· 油性彩铅

油性彩铅是所有彩铅中颜色最为鲜艳、厚重的，笔芯带有一定的蜡质感，能表现出一种特殊的肌理效果。但是油性彩铅不适合多层叠色，也不容易用橡皮修改。

· 色粉彩铅

与其他三种彩铅不同，色粉彩铅具有较强的覆盖性，笔芯为粉质感，带有特殊的颗粒肌理。但色粉彩铅容易脱粉，弄脏画面。

· 纸张

彩铅对纸张没有严格的特殊要求，但是为了保证画面效果，最好选用质地较为紧密厚实的绘图纸：不能太光滑，否则不容易上色；也不能太粗糙，否则叠色时纸面容易起毛。

· 辅助工具

铅笔与橡皮是最为常用的辅助工具。铅笔主要用于起稿，易于修改，可以根据个人喜好选择自动铅笔或绘图铅笔。橡皮只要能清除干净，不损伤纸面即可。

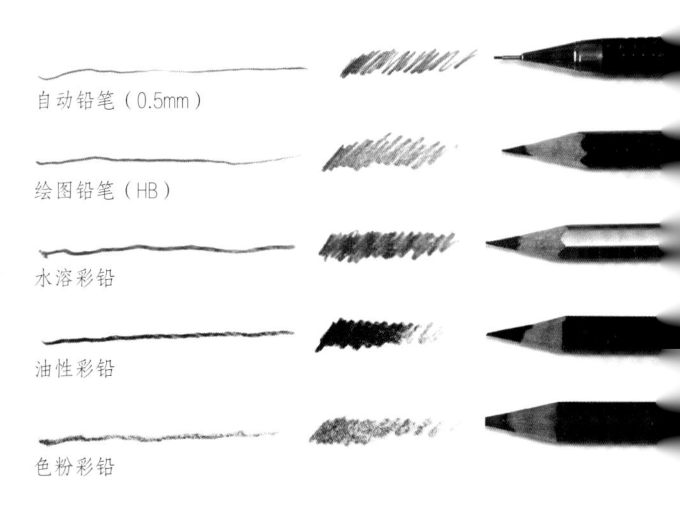

Tips 常用彩铅推荐

品牌	产地	类型	特点
辉柏嘉	中国	水溶	性价比高，适合初学者日常练习
施德楼	德国	水溶	笔杆手握感佳，色彩鲜艳，笔触细腻
辉柏嘉	德国	油性	色彩浓郁，颜色能极好地附着纸面

彩铅的基本表现技法

彩铅的笔触可以规则排列，也可以自由变化，因为在笔触感上和铅笔极为相似，表现技法可以借鉴素描技法，如涂抹、排线等。对于彩铅工具（水彩、水粉、丙烯等），硬笔尖的技法相对单纯，想要使画面更具感染力，可以将多种笔触形式进行综合应用。用笔力度的轻重是控制彩铅色调的关键，笔尖的角度和运笔方式的变化也可以带来更生动的效果。

平涂　渐变　接色（双色渐变）　叠色

排线　交叉排线　勾勒　涂点

彩铅的基本表现技法案例

下面的案例分别采用了平涂叠色和线条勾勒两种技法，表现了两种图案面料。彩铅的硬笔尖在表现图案面料时具有很大优势，可以很精确地绘制出图案的细节，达到令人满意的效果。

·格纹

01 用均匀的力度控制笔尖，平涂出宽窄交错的横向条纹。对应条纹的宽度和间距相等。

02 用同样的方法绘制出纵向的条纹，颜色和横向条纹一致。

03 将纵横条纹相互交叠的位置加深，完成绘制。

·印花图案

01 将彩铅的笔尖立起，绘制出斜向的条纹，注意间隔均匀。

02 等距绘制出心形图案。

03 按列绘制出螺旋图案并添加辅助的小点，做到主次有序。

1.2.2 水彩工具及基本技法

水彩的表现效果极为丰富，既可以表现得潇洒大气、淋漓尽致，也可以表现得细腻写实、层次丰富。换句话说，水彩的表现效果受到工具和表现技法的影响非常大，不同的颜料、纸张、画笔会产生不同的效果，不同的运笔方式、行笔速度、水量控制以及媒介剂的使用，则会进一步丰富画面的变化。

水彩及辅助工具

水彩的工具繁多，在接触水彩的初期可以结合自己采用的表现技法对各种工具进行尝试，直到找到适合自己的工具或达到理想的表现效果。

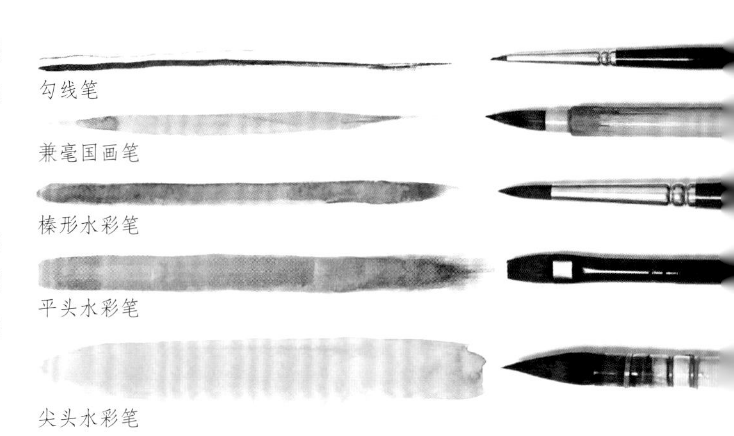

· 水彩颜料

水彩颜料的透明度较高，易于调和，能够形成丰富的色彩效果。常见的水彩颜料有膏状的管装颜料、块状的固体颜料和液体的透明水色。管装颜料蘸取方便，色彩的混合性好；块状颜料便于保存和携带；透明水色的色彩非常清澈，但是颜色种类较少。不同品牌的同种颜色会有一定的色差。

· 水彩纸

如果想要将水彩的特性发挥到最大，建议使用专门的水彩纸。就材质而言，水彩纸主要有木浆、棉浆和混合水彩纸：木浆水彩纸吸水性较弱，适合使用干画法；棉浆水彩纸吸水性强，大量用水纸张也不会起皱。此外，根据表面纹理，水彩纸分为粗纹、中粗纹和细纹。在绘制时装画时，要表现面部等诸多细节，选择细纹水彩纸较为适合。

· 水彩笔

貂毛水彩笔是最佳选择，笔毛既能含水又具有弹性，既可以大面积铺色又可以绘制细节。松鼠毛画笔具有极大的蓄水量，也是上佳的选择。但是，这两种画笔价格较为昂贵，也可以使用传统的国画笔来代替。羊毫笔柔软吸水但弹性不够，可以大面积铺色；狼毫笔吸水性不好但是笔尖柔韧，适合刻画细节；还有各种兼毫笔，能够兼具两类笔的功效。

· 辅助工具

因为使用软笔尖并通过水量来控制画面效果，所以很多初学者认为水彩难以驾驭，尤其不利于细节的刻画，在这种情况下可以采用彩铅、针管笔或马克笔来辅助绘制细节。水彩是透明性工具，浅色无法覆盖深色，因此浅色部分应该留白，但在留白不够的情况下也可以使用高光笔或水粉等覆盖性材料来提亮。为了增加画面肌理变化，还可以使用多种媒介剂，如留白液、牛胆汁和阿拉伯树胶等。

Tips　常用水彩颜料推荐

品牌	产地	类型	等级	特点
温莎 · 牛顿	中国	管装	—	颜色较为暗沉，有颗粒沉淀，适合初学者日常练习
樱花	日本	管装 / 固体	—	管装颜料色泽清新明亮；固体色块较硬，不易蘸取
史明克	德国	固体	学院级	色彩鲜艳亮丽，色泽沉稳，性价比较高
荷尔拜因	日本	管装 / 固体	大师级	不论是管装还是固体，都色彩通透，亮丽润泽

常用水彩纸推荐

品牌	产地	类型	纹理	特点
康颂 1557	中国	木浆	中粗	性价比高，适合初学者日常练习
获多福	英国	棉浆	细纹	吸水性和扩散性好，色牢度稍弱
阿诗	法国	棉浆	粗纹	吸水性极好，适合多层叠色

常用水彩笔推荐

品牌	产地	型号	笔尖材质	用途
秋宏斋	中国	若隐	兼毫	勾线，绘制细节
达芬奇	德国	428	貂毛	染色，绘制细节
阿瓦罗	澳大利亚	NEEF117	松鼠毛	染色

水彩的基本表现技法

水彩的技法主要涵盖三个方面。一、用笔，借助笔尖形状和笔尖弹性，依靠笔锋角度和行笔方式，对笔触进行控制。二、用水，颜色的深浅浓淡、过渡融合方式以及笔触的干湿变化等，都通过对水分的增减来控制。三、制作肌理，这一点能极大地反映出水彩技法的自由灵活，借助媒介剂和各种材料，画面能产生非常特殊的质感和肌理。

平涂

渐变（渲染）

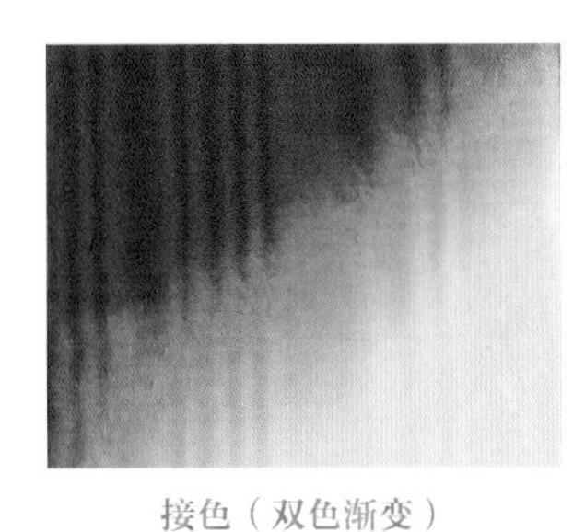
接色（双色渐变）

湿破色

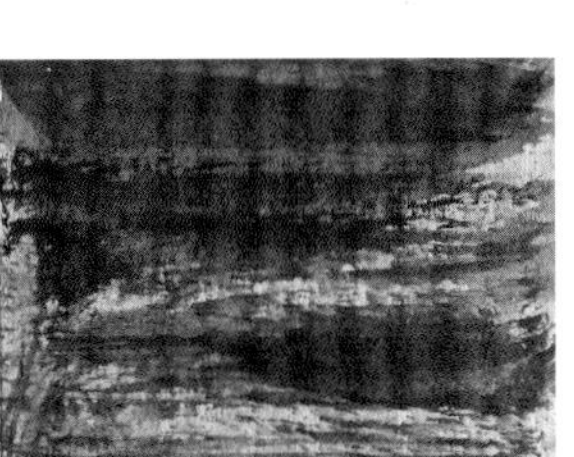
扫笔

勾勒

使用留白液

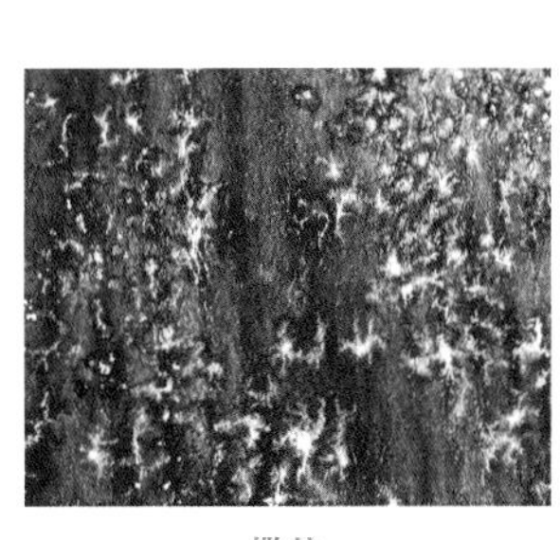
撒盐

水彩基本表现技法案例

下面的案例分别展示了湿画法和干画法这两种典型技法，从中可以看到如何对水分进行控制。使用湿画法，可以使色彩在纸面上自然地融合过渡，形成通透润泽的效果。使用干画法则能表现出笔触的肌理，这时用笔的方式就显得尤为重要。

·印花图案

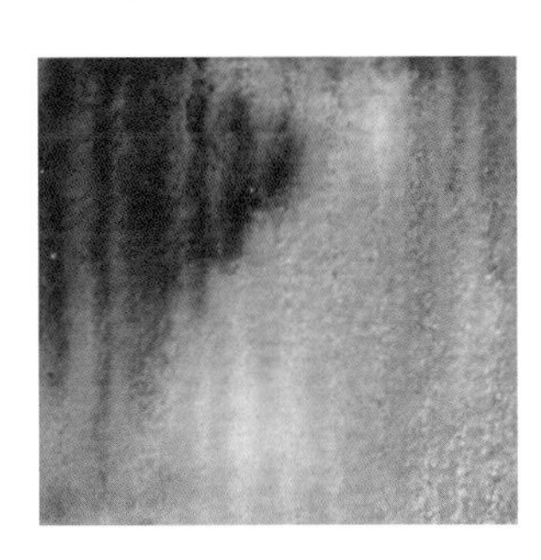

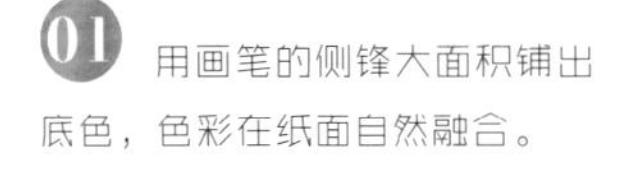
01 用画笔的侧锋大面积铺出底色，色彩在纸面自然融合。

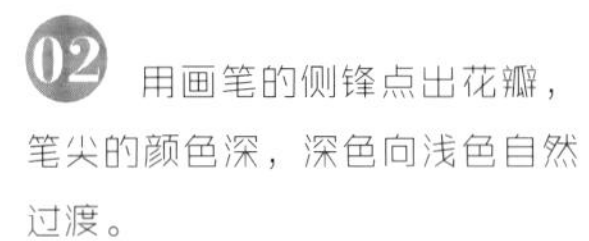
02 用画笔的侧锋点出花瓣，笔尖的颜色深，深色向浅色自然过渡。

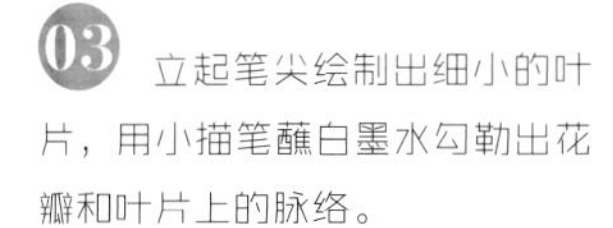
03 立起笔尖绘制出细小的叶片，用小描笔蘸白墨水勾勒出花瓣和叶片上的脉络。

·粗呢面料

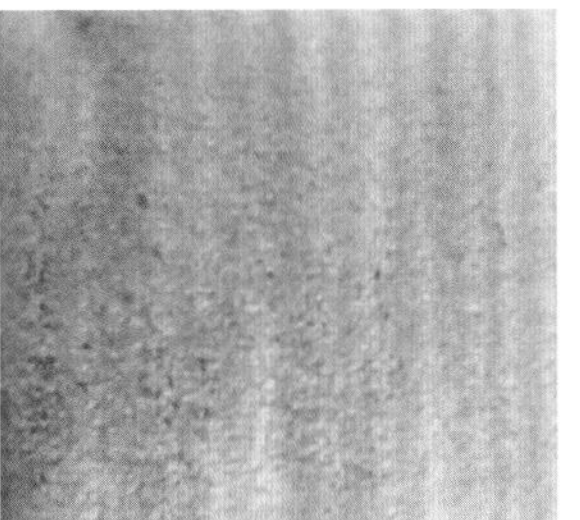

01 用画笔大面积平涂出底色，画笔上颜色相对饱和。

02 将水分控干，让笔尖分岔，用轻重不一的力度在底色上戳点，形成粗糙的颗粒感。

03 用小描笔绘制出纵横交错的纱向纹理，再点出面料上凸起的颗粒。

1.2.3 马克笔工具及基本技法

马克笔色泽艳丽，色彩透明度高，使用快速便捷，其潇洒爽快的表现风格使其成为最受设计师青睐的绘图工具之一。但是马克笔看似简单，想绘制出理想的画面效果并不容易，正是因为其绘制速度快，所以无法留给作画者思考和犹豫的时间，也没有太多修改的余地。只有充分了解马克笔，熟练掌握其特性，才能找寻到其中的韵律和变化，使画面丰富、耐看。

马克笔及辅助工具

马克笔的笔尖分为发泡型和纤维型，前者笔尖有一定弹性，后者笔尖较为硬朗。但不论哪种笔尖，在笔触变化及局部刻画上都有较大的局限，因此需要使用多种辅助工具，甚至和水彩、彩铅混用，以达到丰富的艺术表现力。

· 马克笔

马克笔的墨水分为油性（酒精性）和水性，不同的墨水虽然在显色、透明度上略有不同，但是都具备快干的特性。马克笔通常为双笔头，即笔杆两端都有笔头。硬头马克笔一端为硬方头，另一端为硬尖头；软头马克笔一端为硬方头，另一端则为软头。软头马克笔具有诸多优点，如色彩过渡更为自然，笔触变化更多、更灵活，笔尖收锋更好等，但是软头马克笔价格昂贵，因此可以将软头马克笔和硬头马克笔结合使用。

· 马克纸

马克笔的墨水渗透力较强，如果纸张太薄，墨水会轻易渗透到画纸背面甚至污染下层纸张。专业马克纸背面会有一层光滑的涂层防止墨水渗漏，初学者经常弄错纸张的正反面。此外也可使用比较厚实的绘图纸或细纹水彩纸。

· 勾线笔

勾线笔可起到肯定轮廓、强调结构转折及描绘细节的作用。勾线笔主要分为两大类：笔触均匀的针管笔和有笔触变化的书法笔。这些笔的笔尖材质和型号各异，通过对用笔力度和笔尖方向的控制，能绘制出灵活多变的线条。

· 高光笔

相比水彩，马克笔更难控制亮面的留白，必要时可以使用高光笔进行提亮。高光笔是一种覆盖力很强的油漆笔，有细笔尖也有圆笔头，可根据实际情况进行选择。

· 纤维笔

纤维笔可以画出极细的线条，也可以有粗细变化，还可以进行小面积的染色，用于绘制面部等细节十分方便。但是纤维笔的笔尖很硬，在使用时力度要轻，避免划伤纸面。

Tips 常用马克笔推荐

品牌	产地	笔尖类型	特点
Touch 6	中国	硬头	价格便宜，颜色种类多，适合初学者
斯塔	中国	硬头	笔尖有一定弹性，笔触感较好
法卡勒	中国	软头	性价比高，颜色鲜艳，适合初学者
Touch	韩国	软头	颜色亮丽，过渡柔和，笔触自然
Copic	日本	软头	颜色丰富，混色极佳，笔尖触感极好

马克笔的基本表现技法

马克笔使用起来虽然便捷、高效，但局限比较明显。首先，马克笔的笔触变化较少，即便是软笔尖也不像水彩笔能绘制出多变的笔触；其次，马克笔的混色效果较弱，无法用较少的颜色调和出多种色彩，单一色彩的深浅变化也不够明显。想要表现出丰富的画面效果，对笔触的控制就极为重要。以方头笔尖为例，将笔尖侧转、斜立、直立或转动，都能得到不同的笔触。在行笔的过程中，如果采用扫笔、按压、停顿、回笔等方式，再配合不同的力度和速度，笔触就会更加多变。

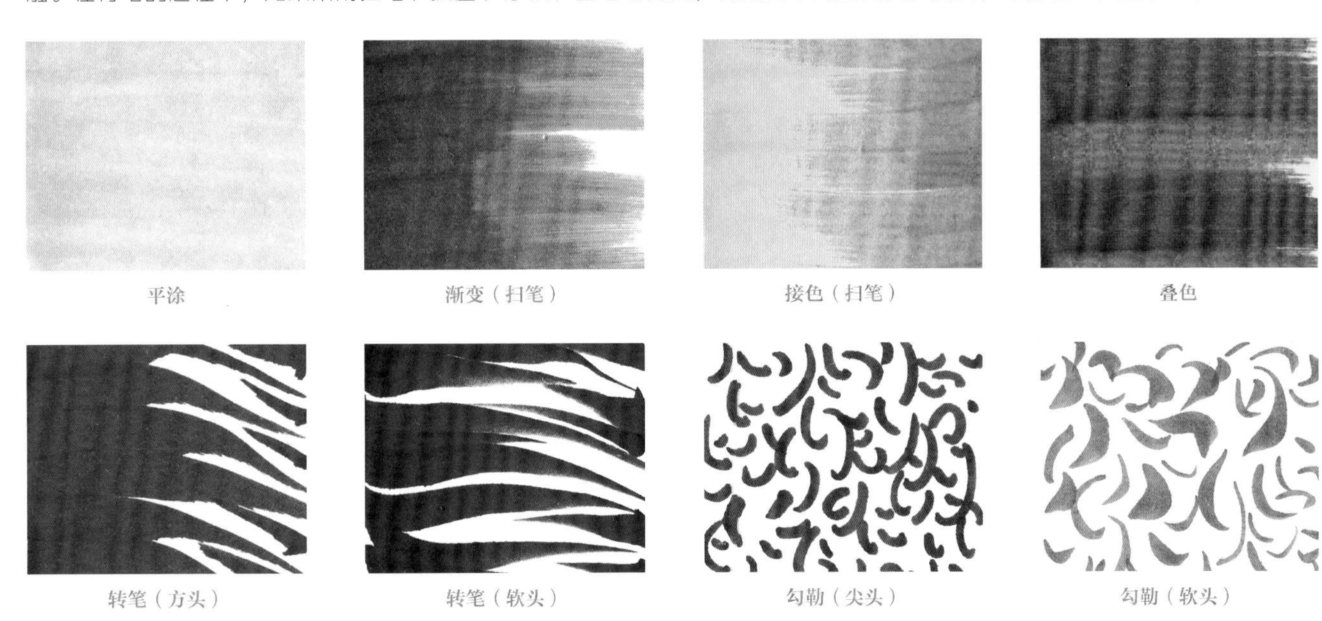

平涂　渐变（扫笔）　接色（扫笔）　叠色

转笔（方头）　转笔（软头）　勾勒（尖头）　勾勒（软头）

马克笔的基本表现技法案例

下面的案例分别展示了用硬头马克笔和软头马克笔绘制两种图案面料。马克笔的方头很容易绘制出宽度均等的纹理，软头也能快速绘制出各种点状笔触。将这些笔触疏密有致地进行排列，再辅以纤维笔或针管笔，就能轻松完成所需的效果。

· 格纹面料

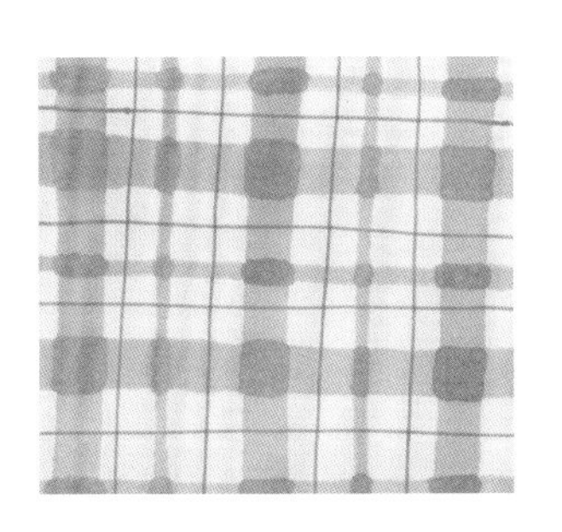

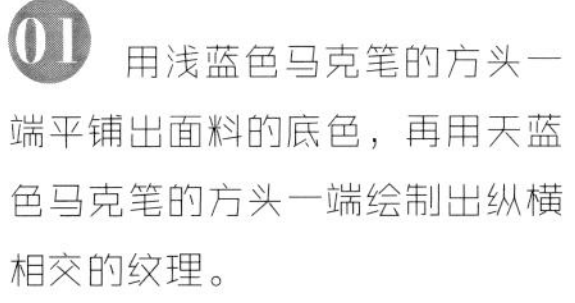

01 用浅蓝色马克笔的方头一端平铺出面料的底色，再用天蓝色马克笔的方头一端绘制出纵横相交的纹理。

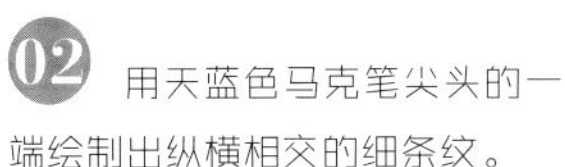

02 用天蓝色马克笔尖头的一端绘制出纵横相交的细条纹。

03 用天蓝色针管笔绘制出最细的条纹，完成绘制。

· 碎花图案

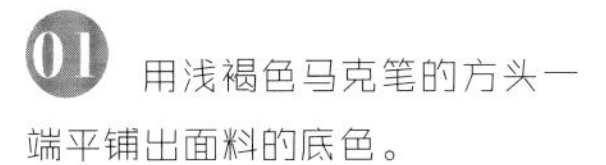

01 用浅褐色马克笔的方头一端平铺出面料的底色。

02 用棕褐色马克笔的软头一端点出叶片，注意笔触的长度宽窄变化和叶片的疏密排列。

03 用棕褐色的针管笔勾勒出叶茎和叶脉，完成绘制。

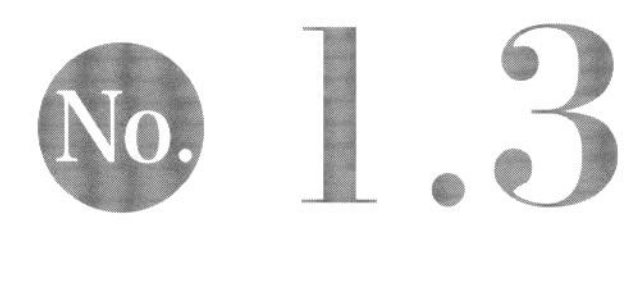

No. 1.3 时装画中的人体

Introduction

服装以人体为支撑，不论时装画的风格或表现手法如何变化都要以人体为依据，时装画中的人体是一种理想化的状态，为了符合视觉审美进行了适当的夸张变形，以更好地展示和烘托服装。设计创意和设计细节只有通过准确、协调的人体才能恰如其分地展现出来。想要绘制出优美的人体，一定要将人体的基本比例和结构了解透彻并反复练习，掌握其中的规律，才能举一反三。

1.3.1 时装画中的人体比例

人体的整体和各部分都符合一定的比例标准，这些标准可以在绘制人体时更快更准地进行定位。对人体比例的研究可以追溯到古希腊时期，从最开始6.5头身的写实比例历经多次变化和争论，最终落脚在以8头身为基础的比例上。

7 头身、8 头身、9 头身人体的对比

8头身比例以腰线为基准，上半身三个头长，下半身五个头长，约等于1:0.618的黄金分割。如果表现的服装比较夸张，常用的人体比例还有9头身，腰线以上仍是三个头长，只是拉长了下半身。如果整体比例进一步拉长，上半身也要相应变化。

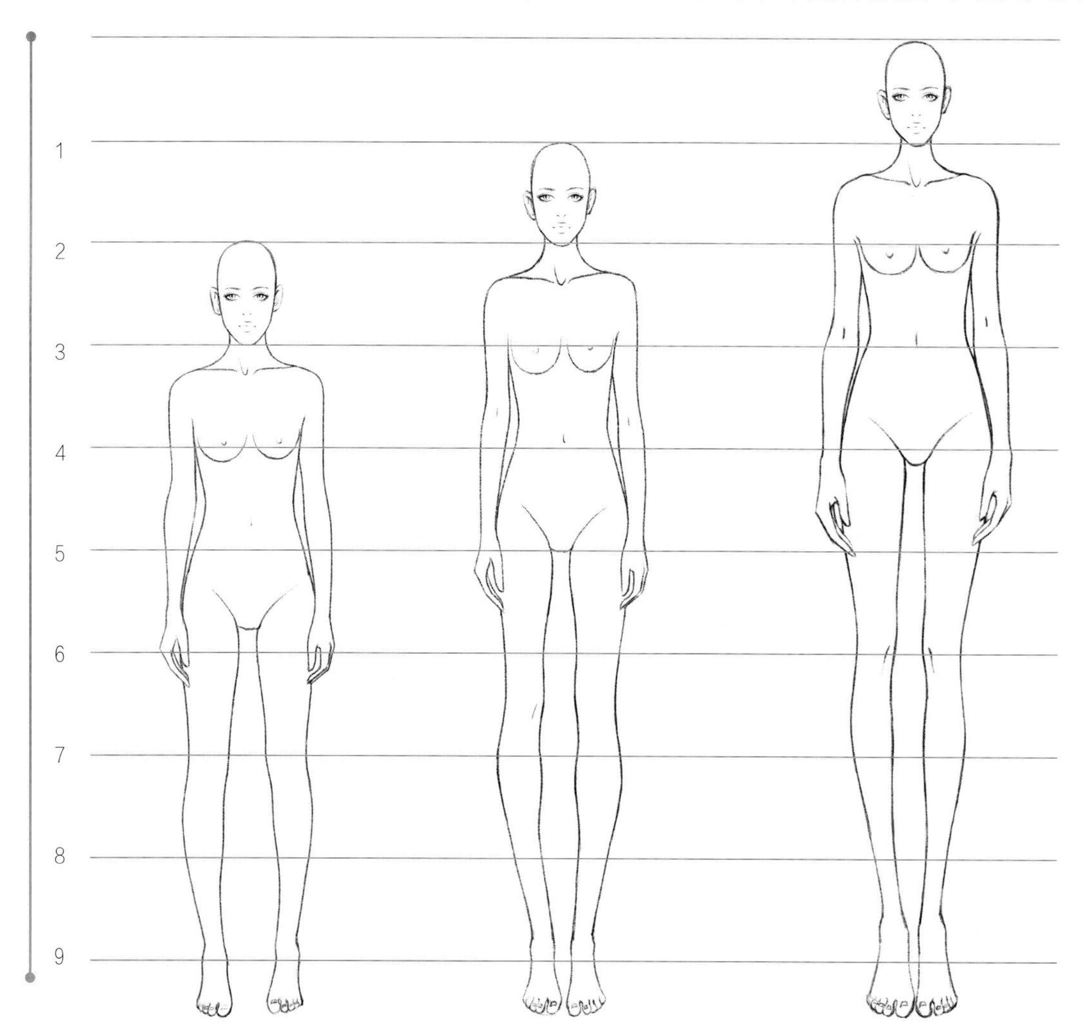

不同头身比的人体示意图

8.5头身比例的正侧背表现

8.5头身的比例是在8头身的基础上略微拉长腿部，显得四肢匀称修长，适合表现大多数服装，是时装画中较为常用的比例。在8.5头身比例中，胸高点略低于第二个头长，腰线略高于第三头长且肚脐正好位于第三个头长上，臀部结束于第四个头长，脚踝位于第八个头长且大腿和小腿的长度基本相等，脚后跟位于第8.5头长。除此以外，手肘和腰线一样，也位于略高于第三个头长的位置；手腕和臀底一样，也位于第四个头长的位置。不论进行何种变化，都要以8.5头身的比例为基础。

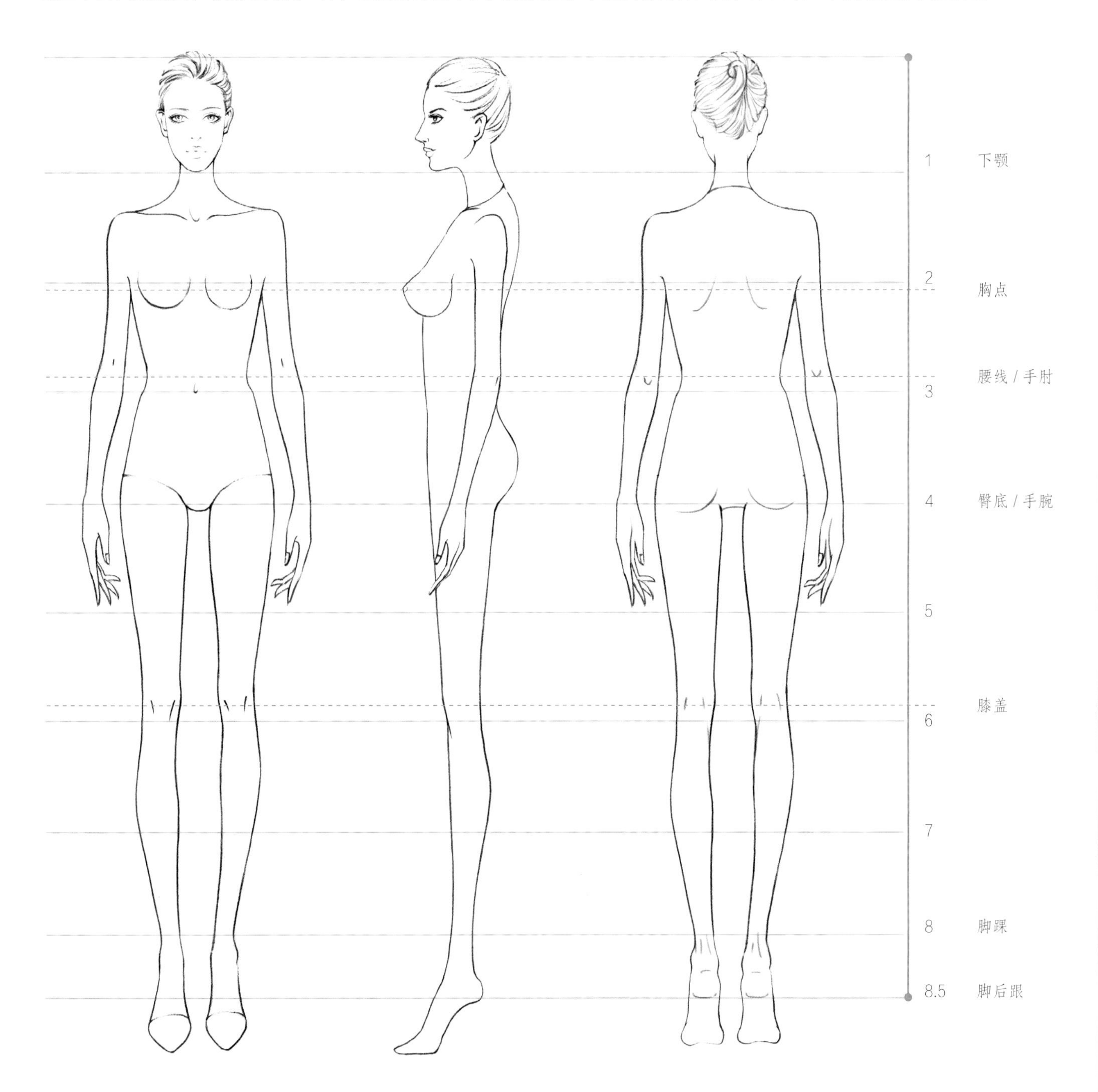

8.5头身比例正面、正侧面、背面的人体示意图

1.3.2 时装画中的人体结构

人体的结构复杂，表面曲线变化微妙，很多初学者往往会感到无从下手。除了掌握人体的基本比例外，还需要对人体各部分结构进行深入研究。本节将人体分解为不同部分，逐一解决人体绘制中会遇到的种种问题。头部大小、五官位置、手脚长短、肢体形状等身体各部位同样存在着一定的比例，通过对这些细节的把握，对人体有更深层次的认识。

头部与五官的结构

在时装画中，头部能展现出人物的气质，并会配合服装进行发型和妆容的搭配，是表现的重点。从正面看，头部呈上大下小的卵形；从正侧面看，头部由面部和后脑两大部分组成；如果是3/4侧面，则要注意透视和五官之间的遮挡关系。

· 正面头部与五官的基本比例

正面的头部以中轴线左右对称，五官以“三庭五眼”的比例关系分布在面部。“三庭”即将脸部长度分为三等份：由发际线到眉毛，由眉毛到鼻底，再由鼻底到下颚，这三部分长度相等。“五眼”即以一个眼睛为长度标准，将脸部最宽处五等分。眉心、鼻中隔中点、唇凸点和下颚中点都位于中轴线上。

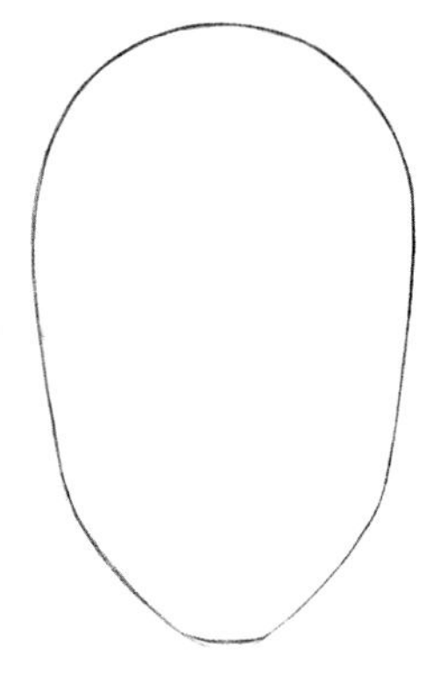

01 绘制出头部的外轮廓，头顶部分曲线饱满，两侧线条稍平直，下半部分逐渐向内收拢。正面头部的长宽比大概为3:2。

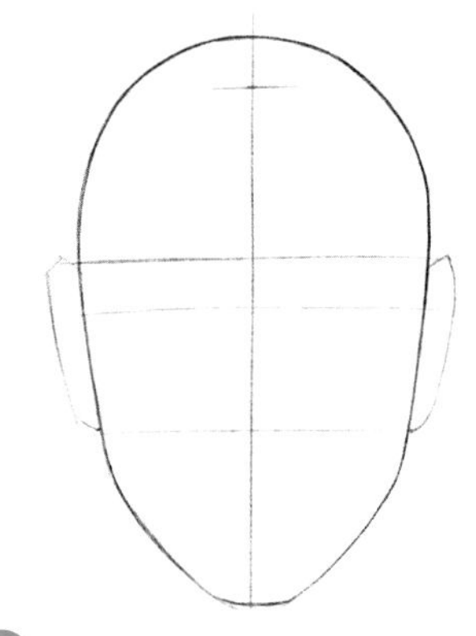

02 绘制出中轴线，再在整个头长的1/2处标出眼睛的位置。在额头上确定出发际线的位置，从发际线到下颚的距离三等分，找到眉弓和鼻底的位置。

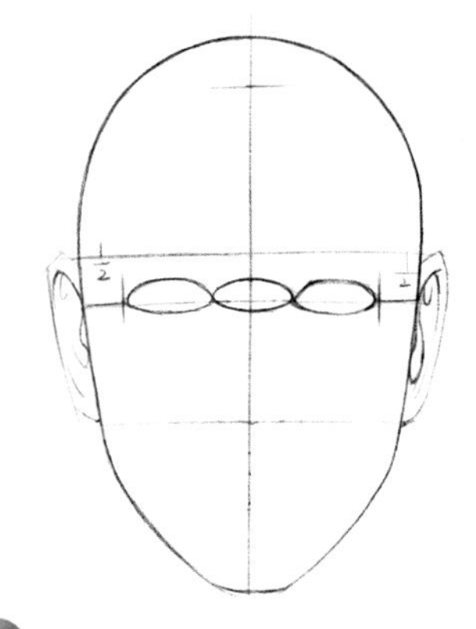

03 在1/2线处五等分，其中1/5就是一个眼睛的长度。两眼之间的距离为一个眼睛的宽度，从两侧外眼角到头部最外缘（包含耳朵）为一个眼睛的宽度。

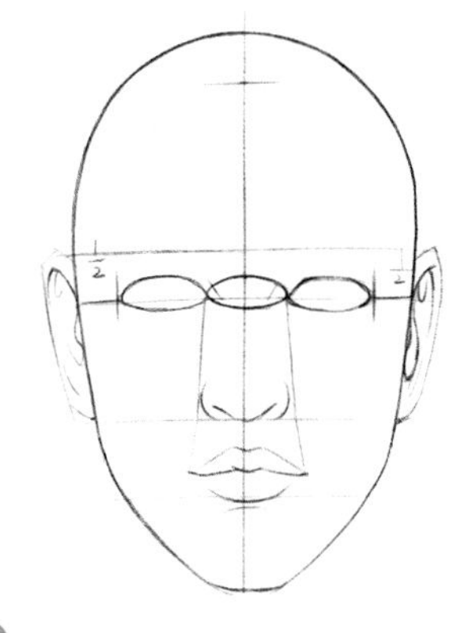

04 将鼻底到下颚之间的距离两等分，下嘴唇位于等分线上，再向上逆推出唇中缝和上嘴唇的位置。鼻翼的宽度略大于一个眼睛的长度，嘴的宽度大于鼻翼的宽度。

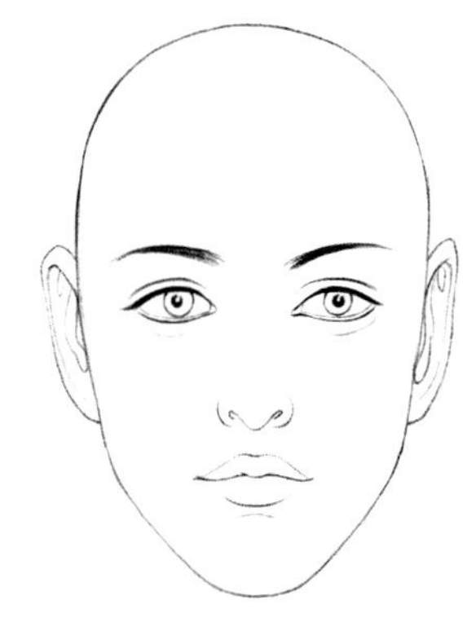

05 根据确定好的位置，用柔和的曲线细化出眉毛、上下眼睑、眼珠、鼻孔、耳廓和下巴的形状。将辅助线擦除，清理线稿。

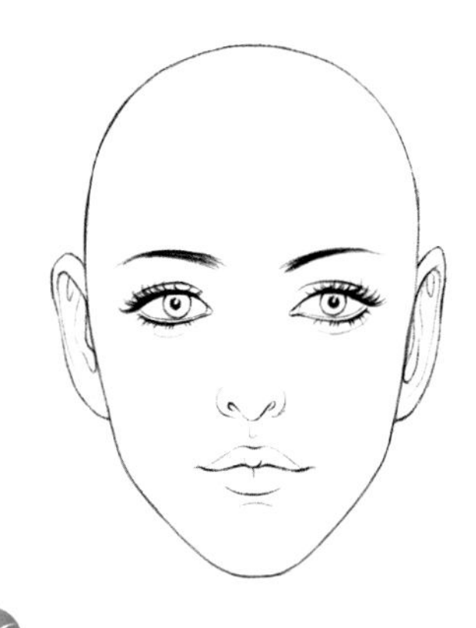

06 绘制出睫毛、唇凸、唇沟和人中等细节，使面部更加生动。

· 正侧面头部与五官的基本比例

正侧面的头部，后脑勺占据了大部分比例，而面部相对狭窄，面部轮廓线起伏明显，凸起的眉弓、鼻梁、上唇和下巴，与凹陷的眼窝、人中和唇沟形成对比。受到透视影响，只能看见一只眼睛，鼻子和嘴也只能看见正面的一半。

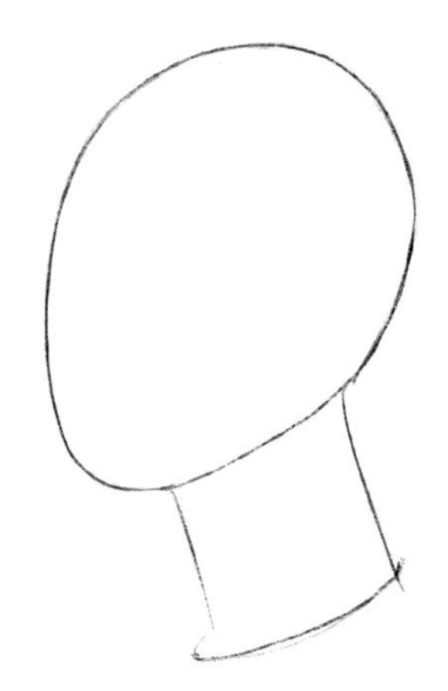

01 绘制出一个向前倾斜的卵形外轮廓，后脑的曲线饱满而面部的曲线较为平直。脖子的倾斜方向与头部相反，头部向前倾斜，脖子向后倾斜。

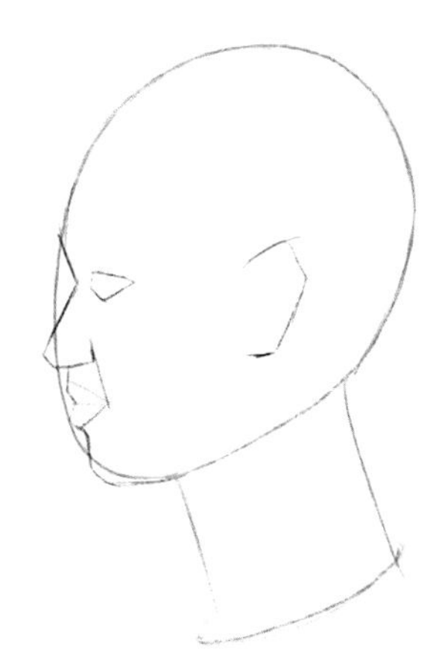

02 眼睛仍然位于整个头部1/2的位置，并以此为基础确定鼻子、嘴和耳朵的位置。受到透视影响，眼睛、鼻底面和嘴均呈现出三角形的外轮廓。

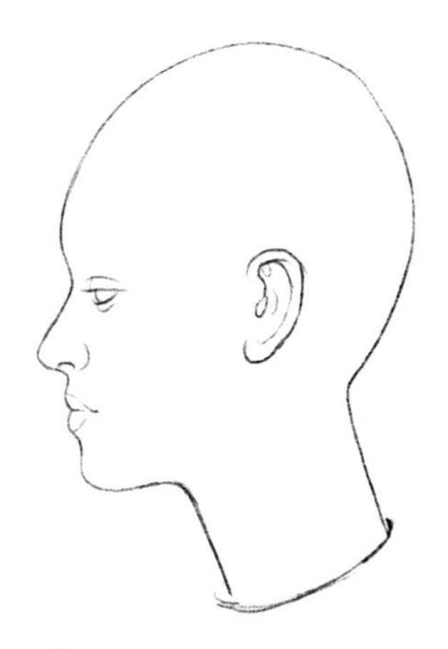

03 在上一步五官轮廓的基础上，细化出上下眼睑、鼻翼、鼻孔、嘴唇和耳朵的具体形状。受头部整体外轮廓影响，眼睛和嘴都有一定的倾斜角度。

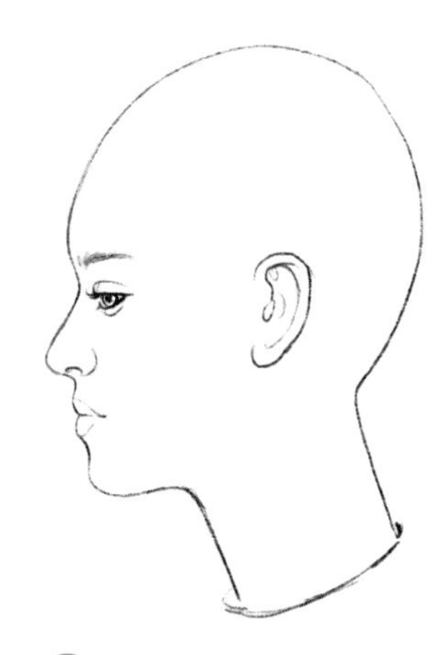

04 在侧面凸起最鲜明的眉弓处绘制出眉毛，长度大约为正面眉毛的一半。进一步绘制出睫毛和眼珠，受透视影响，睫毛向前翘起。

· 3/4 侧面头部与五官的基本比例

3/4侧面的头部表现难度较大，五官不像正面左右对称，也不像正侧面只能看见一部分，而是根据面部侧转产生的透视有所变形，五官之间还会产生一定遮挡。在这种情况下，找准透视线尤为重要。

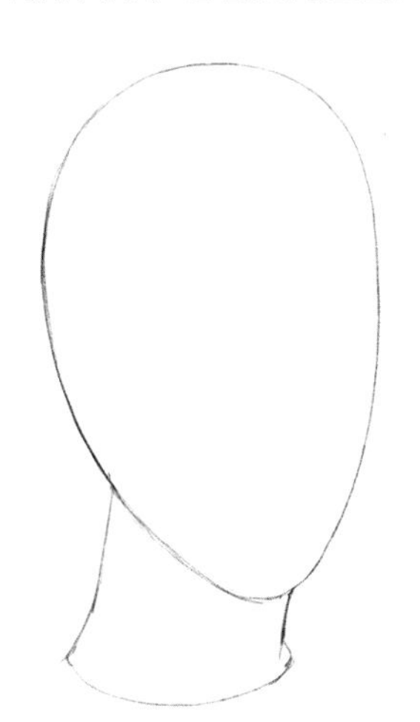

01 绘制出头部的外轮廓，3/4侧面的面部占比较大，但仍然能看到一部分后脑。后脑的曲线稍显饱满，面部曲线较为平直；头顶的曲线饱满，下巴则略微收尖。头部微向前倾，脖子微向后仰。

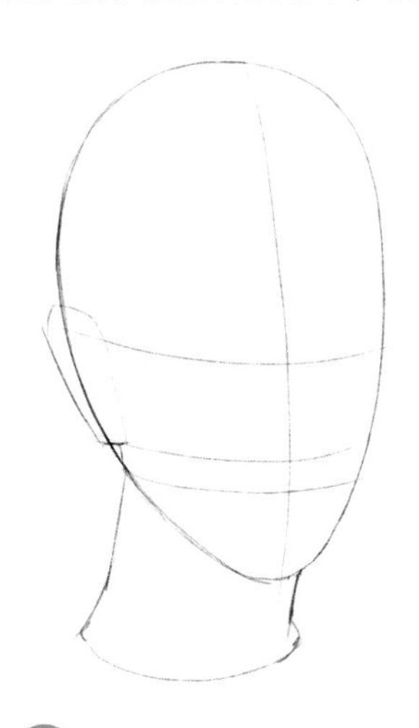

02 绘制出透视线，这是确定五官位置的重要依据。头部大体为圆球体，中轴线不再垂直，而是向侧转的方向呈弧线。眼角连线、鼻翼连线和嘴角连线都呈现出一定的弧度。根据眼角连线和鼻翼连线确定耳朵的位置。

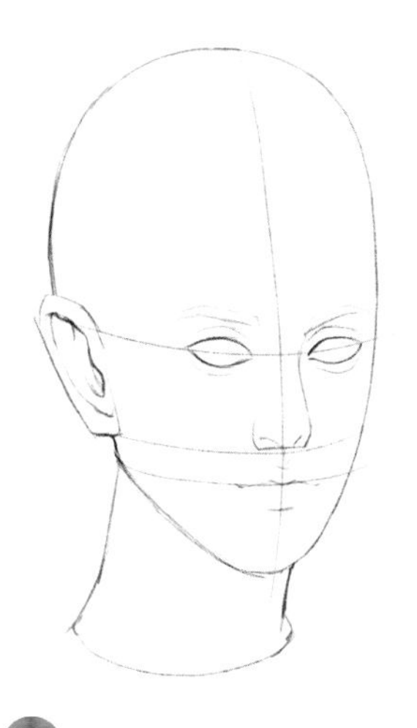

03 根据透视线标示出五官的位置，保证眉心、鼻中隔中点、唇凸点和下颚中点都位于中轴线上。面部侧转的一边，眉毛、眼睛和嘴的长度会略微缩短，鼻翼和鼻孔的角度也会产生变化，鼻梁会挡住侧转面的内眼角。

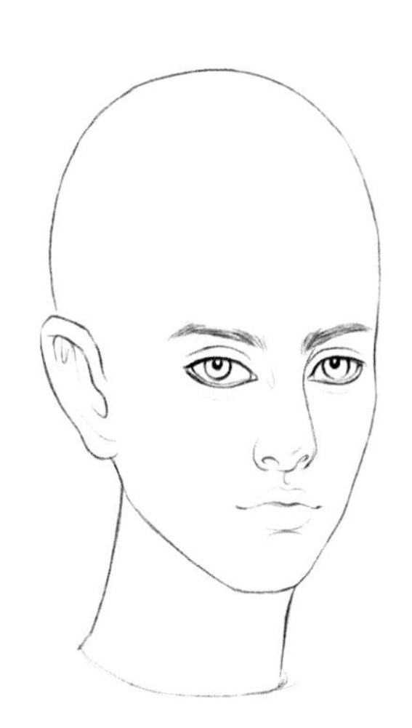

04 绘制出眉毛、眼珠、鼻翼、人中和嘴唇等细节，清除辅助线，整理出干净的线稿。

·眼睛

眼睛是最能表现人物特点的部位，人物的精神面貌和神态都靠眼睛传达出来。眼睛并不是标准的橄榄形，上下眼睑的弧度、内外眼角的形状以及睫毛的分布等都有微妙的变化。眼珠的结构近似是由瞳孔和虹膜组成的同心圆，但会被上眼睑遮挡一部分，因此眼眶中呈现的不是一个正圆形。在绘制时要表现出这些细微的差别。

01 绘制出一个略微倾斜的长方形，内眼角的一侧低，外眼角的一侧高。绘制出中轴线，瞳孔位于中轴线上。

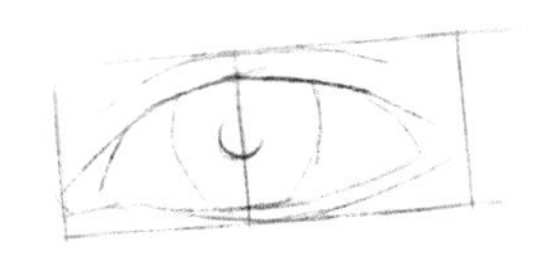

02 用弧线绘制出眼睛的大致轮廓，上眼睑的弧度更饱满。内眼角稍圆润，外眼角稍尖。眼珠被上眼睑遮挡住一部分。

03 加重上下眼线，表现出上下眼睑的厚度。加深瞳孔，细致描绘虹膜上的纹理，瞳孔要留出高光以表现眼睛的神采。

04 睫毛呈放射状分布，用微翘的短弧线来表现，上眼睑的睫毛比下眼睑的浓密，外眼角的睫毛比内眼角的浓密。

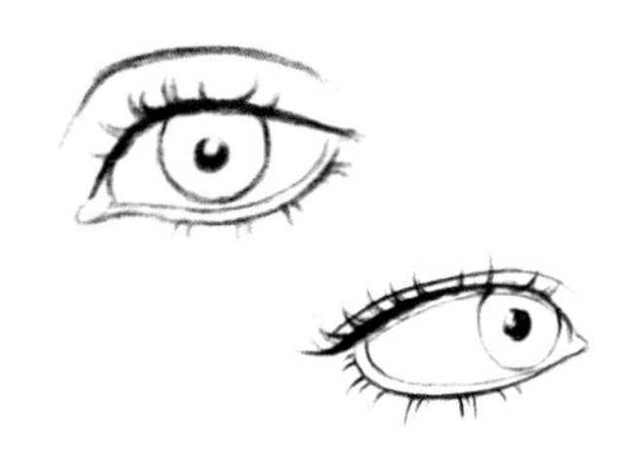

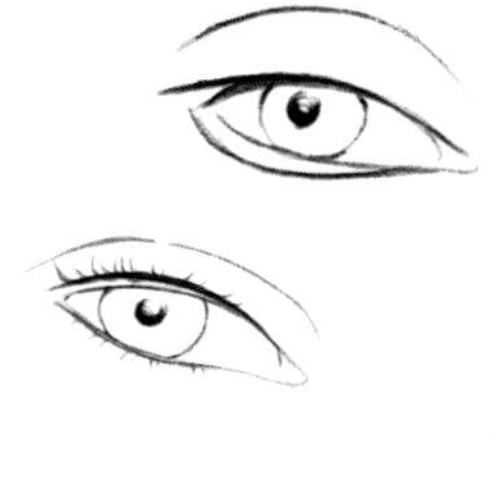

不同形态的眼睛

·鼻子

鼻子是面部体积感最强的五官，外形近似棱台体。但是在时装画中，为了将视觉中心聚焦在眼睛上，鼻子通常会表现得较为简单概括，有时甚至只绘制出鼻孔及鼻翼。

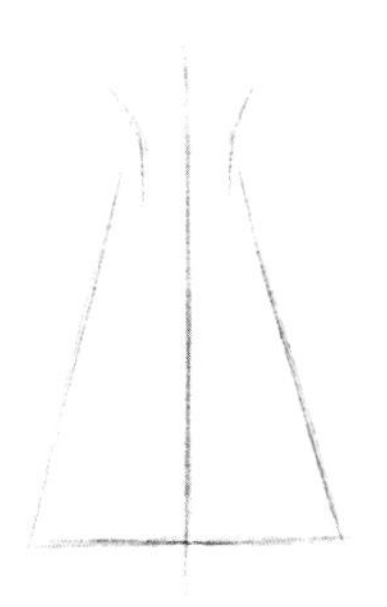

01 用上窄下宽的梯形概括出鼻子的外轮廓，鼻根处收紧，鼻翼处展开。绘制出中轴线，鼻子左右两侧以中轴线对称。

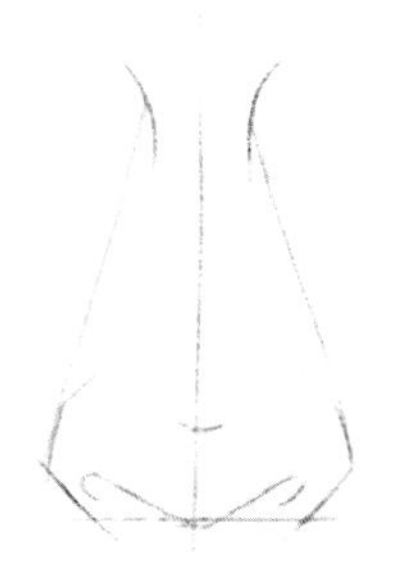

02 在鼻梁正面用短弧线标示出鼻头的转折，区分出鼻正面和鼻底面。鼻孔位于鼻底面，由鼻中隔隔开，鼻翼位于鼻侧面。

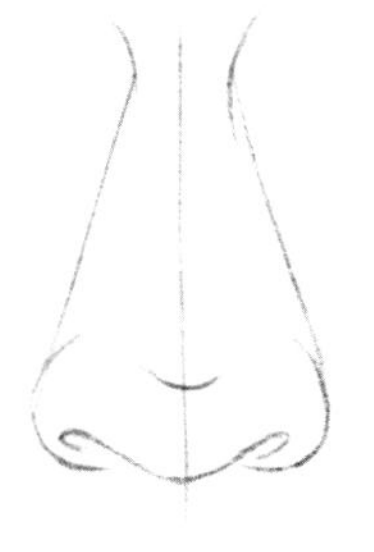

03 用柔和的曲线完善鼻子的结构，鼻中隔在前，鼻翼在后，整个鼻底面呈倒三角形。

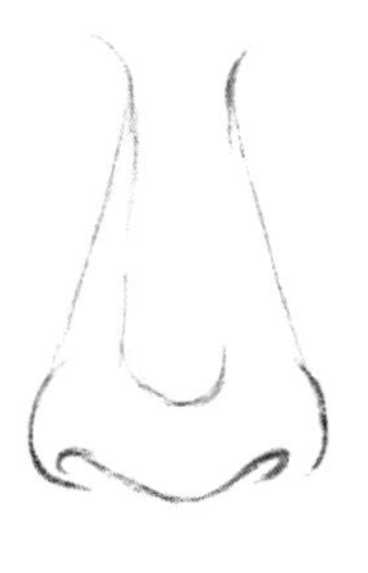

04 擦除辅助线，用更肯定的线条强调鼻头和鼻底的结构，并轻轻绘制出鼻梁的一侧线条，强调鼻子的立体感。

不同形态的鼻子

·嘴

嘴唇是较为标准的菱形，以唇中缝为分界线，上嘴唇内凹，下嘴唇外凸，因此在绘制时，上唇略薄而下唇饱满。为了表现嘴唇的柔软感，用笔要轻松一些，着重强调嘴角和唇中缝即可。

01 绘制出一个长方形，用十字形辅助线标示出中轴线与唇中缝的位置。

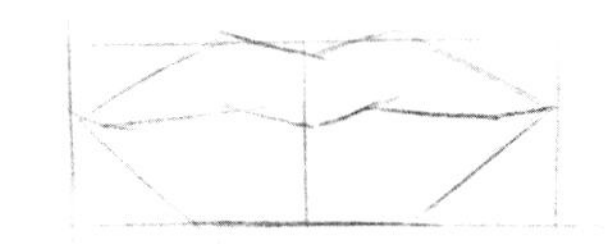

02 用直线概括嘴唇形状。在唇中缝上确定唇凸的位置，上嘴唇呈M形，下嘴唇饱满一些。

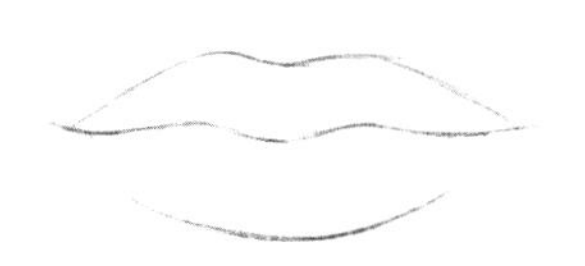

03 用柔和的曲线进一步描绘嘴唇的形状，适当强调嘴角和唇中缝。

04 进一步细化，绘制出唇凸的形状。适当加重下唇中部，表示出唇沟的阴影。

不同形态的嘴

·耳朵

耳朵位于头的两侧，在绘制时简略概括即可。值得注意的是，因为透视的缘故，当头部处于正面时，耳朵处于前侧面；当头部处于正侧面时，耳朵处于正面。此外，还需要考虑到耳朵和头发的关系。

01 用半封闭的椭圆形来概括耳朵的外轮廓，外耳廓处形状饱满一些，耳垂处略微收窄。

02 用较肯定的笔触完善耳朵的外轮廓弧线，注意耳垂的细小转折，并绘制出耳轮的形状。

03 用曲线绘制出耳屏和对耳轮的形状。

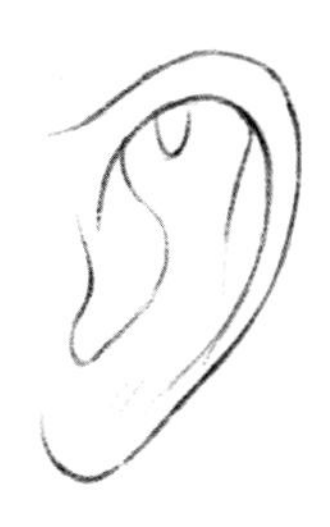

04 进一步描绘出对耳轮的凹陷，用细小的线条强调耳垂的立体感。

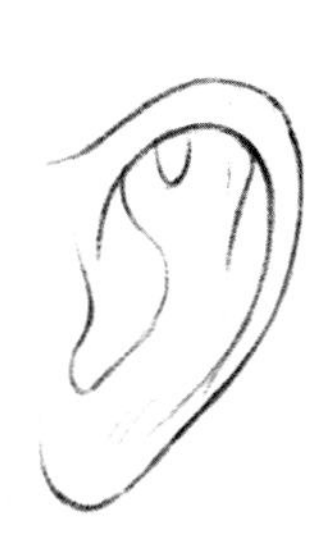

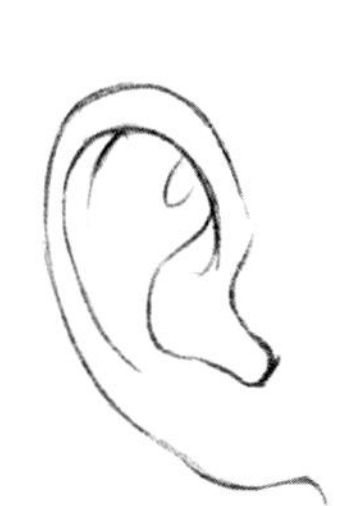
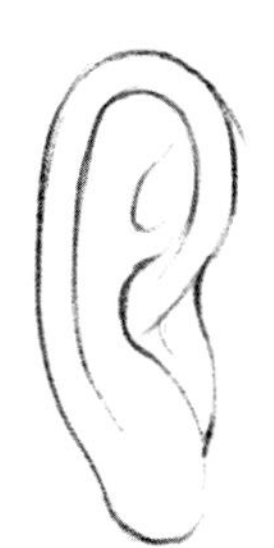

不同形态的耳朵

躯干

躯干的起伏微妙，造型复杂，但可以将其简化为胸腔和盆腔两大体块。胸腔可以看作是一个上宽下窄的倒梯形，上缘线通过锁骨与肩点相连，下缘线为肋骨底端；盆腔可以看作是一个上窄下宽的正梯形，上缘线为胯高点连线，下缘线为大转子连线。胸腔和盆腔由脊柱相连。这两大体块的相互关系决定了身体的扭转与俯仰，当这两大体块处于相对静止或平行运动时，身体动态较小；当这两大体块相互挤压、错位时，身体动态较大。

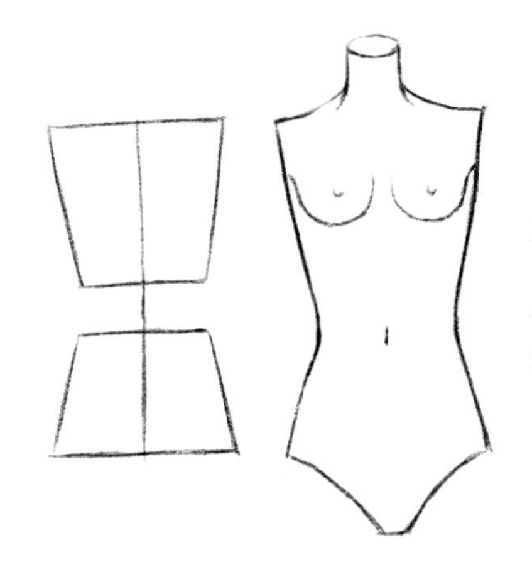

正面直立的躯干

当躯干保持静止时，两大体块左右以中轴线对称，透视线处于平行状态。

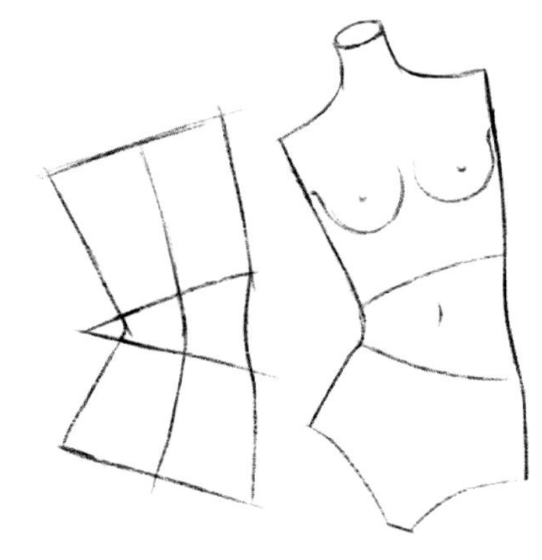

正面动态轻微的躯干

胸腔和盆腔的形状不变，身体的一侧收紧，另一侧拉伸，透视线呈放射状。

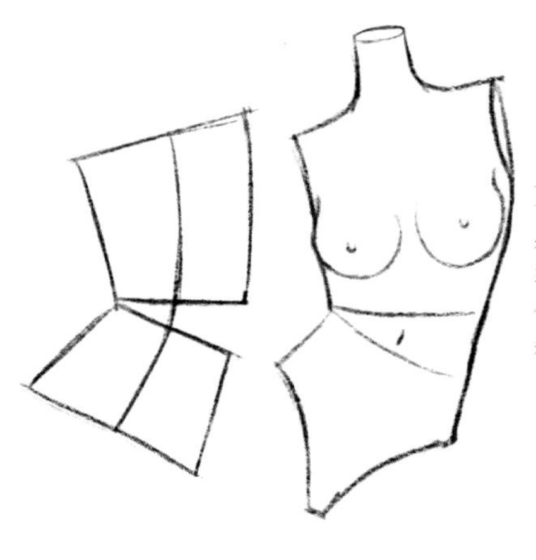

正面动态剧烈的躯干

躯干发生扭转，胸腔向右转动，盆腔向左转动，身体一侧紧缩另一侧拉伸的程度加剧。

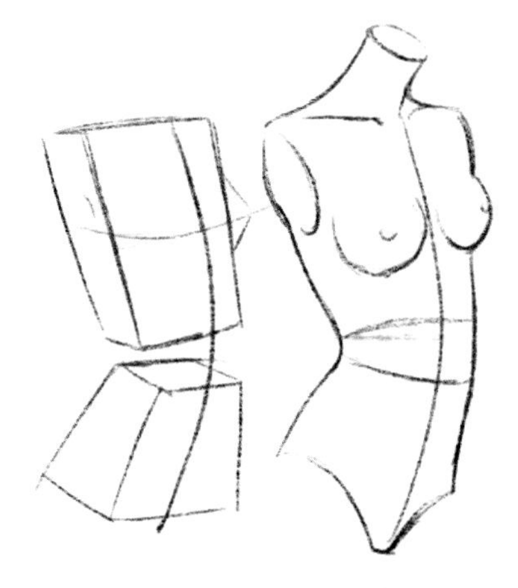

3/4 侧面的躯干

3/4 侧面的躯干要表现出身体侧面的厚度，胸部的高度超出了身体的外轮廓线。后腰的弯曲度非常大。

正侧面的躯干

从正侧面看，身体正面的轮廓线较平直，后背的曲线鲜明。胸部高耸，体积鲜明。

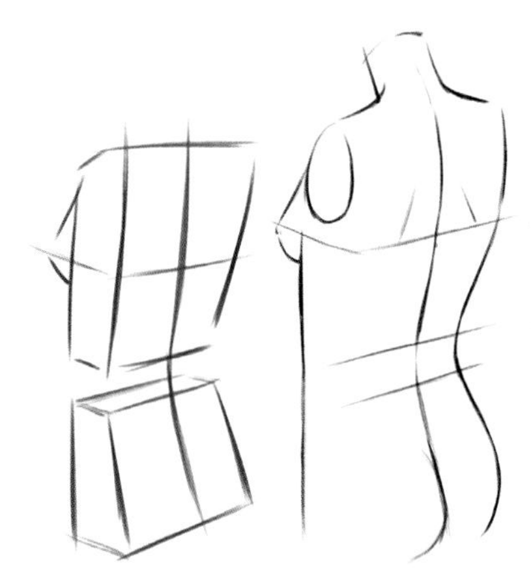

背侧面的躯干

背侧面的躯干也要表现出身体侧面的厚度。胸部只能看见一小部分，要表现出肩胛骨的形状。

四肢

可以用圆柱体和多边形对四肢的结构进行概括。上肢通过肩头与胸腔相连，下肢通过大转子与盆腔相连。上肢结构精细，动作灵活，下肢主要支撑人体的重量，强劲有力。在绘制时，要将这些特征都表现出来。

·手臂

可以将肩头看作一个圆球体与身体相连，上臂是匀称的圆柱体，用平顺的线条表现即可；前臂呈纺锤状，前臂上侧线条在靠近手肘处有较明显的凸起，下侧线条在靠近手腕处有明显凹陷，要将这微妙的变化表现出来。

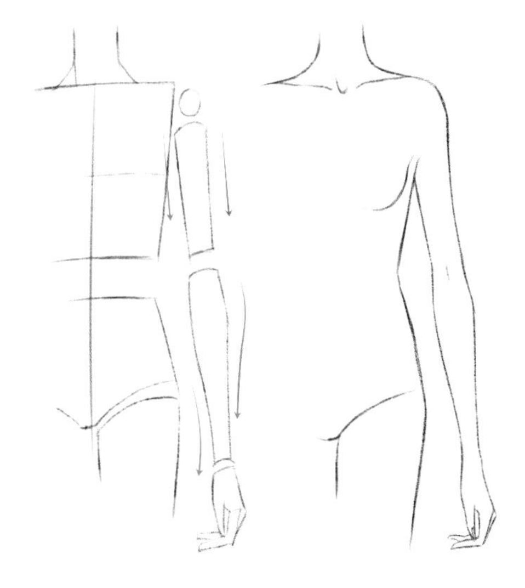

手臂结构示意图

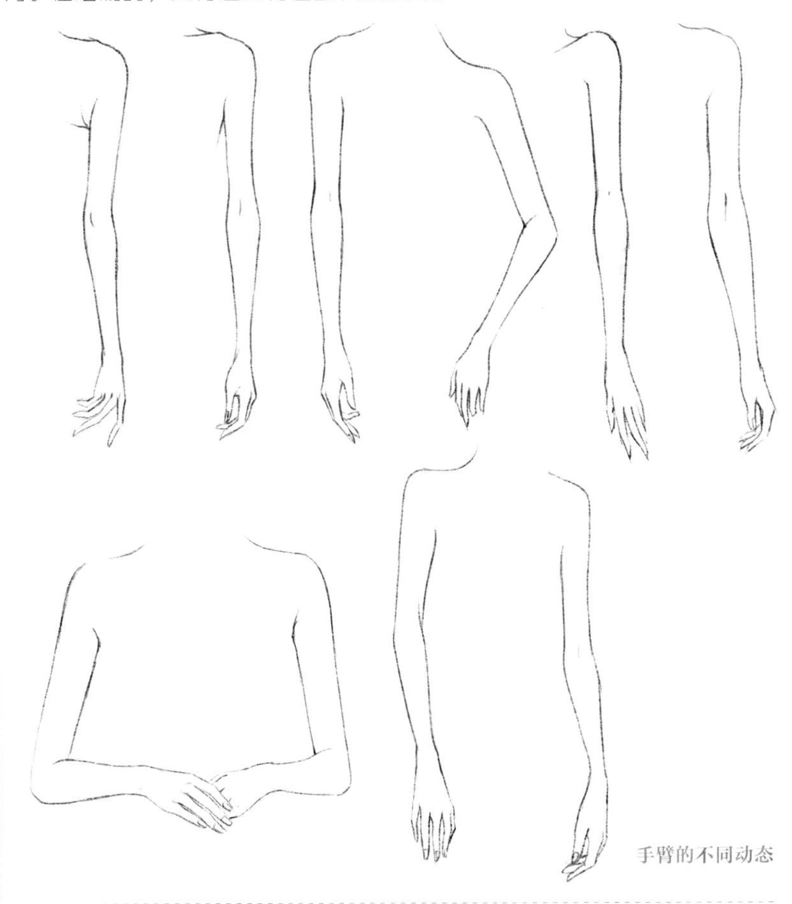

手臂的不同动态

·手

手的动态灵活多变，表现起来有一定难度。手的长度约为头长的3/4，分为手掌和手指两大部分，这两部分的长度基本相等。大拇指位于手掌侧面，有较为独立的运动范围。其他四根手指长度不一，指关节排列呈弧形。

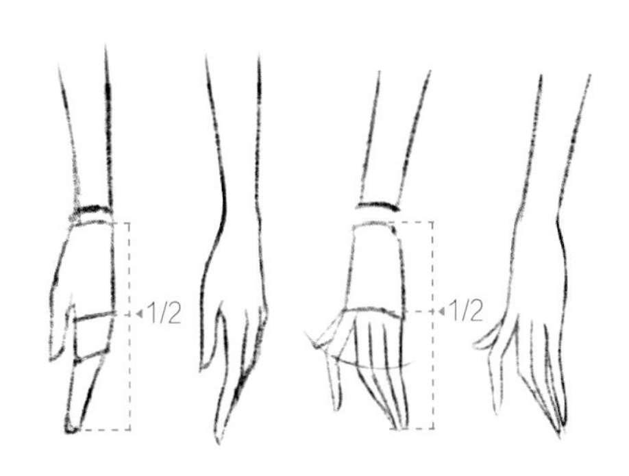

手的结构示意图

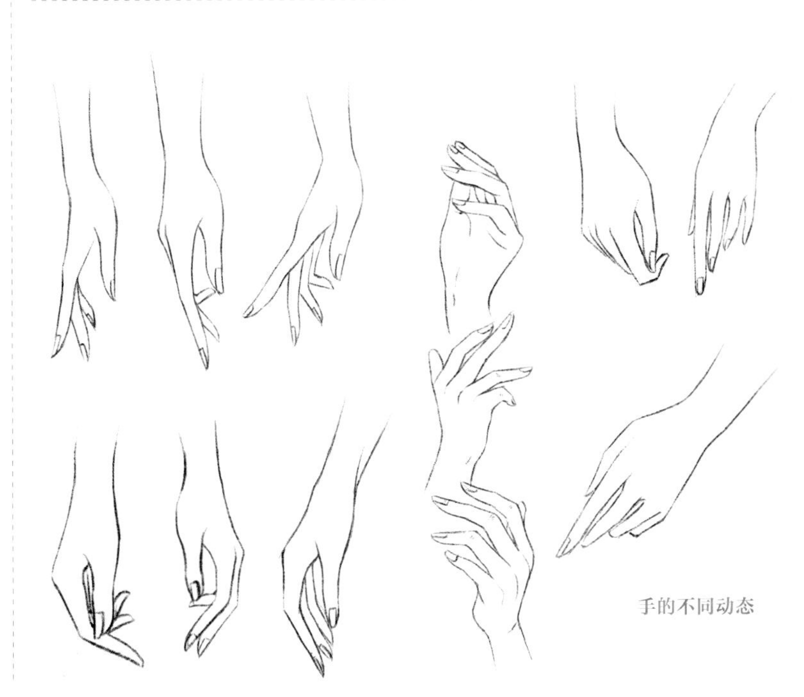

手的不同动态

·腿

腿部的结构与手臂非常接近，但因为支撑身体的重量，所以应该表现得更具力量感。在自然直立的状态下，腿部会向内侧倾斜，整体呈现出向内收拢的状态。大腿的起伏相对平缓，小腿后侧因为腓肠肌的形状明显，会形成S形的饱满曲线。大腿和小腿由膝盖连接，膝盖内外两侧凹陷的形状也有所差异。对这些细节的把握是绘制优美腿型的关键。

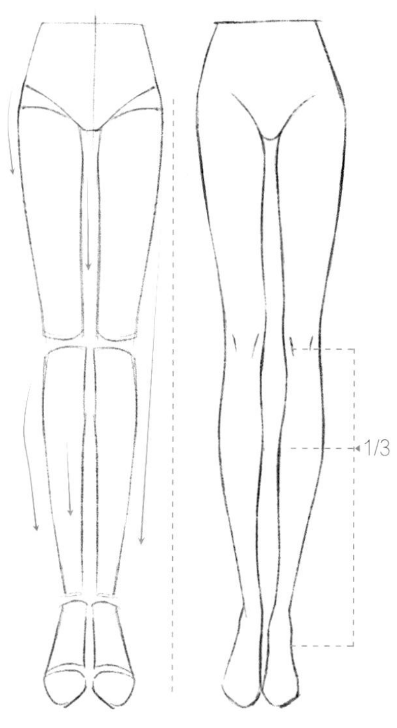

正面直立的腿部

正面直立时，腿部整体向内倾斜，在大转子处会形成柔和的曲线。大腿的肌肉主要位于大腿骨上方，因此从正面显现不出肌肉的形态，用较为顺直的曲线表现即可。小腿的肌肉凸起明显，即使从正面也能清晰地看到。小腿肌肉凸起的高点，位于整个小腿的1/3处。

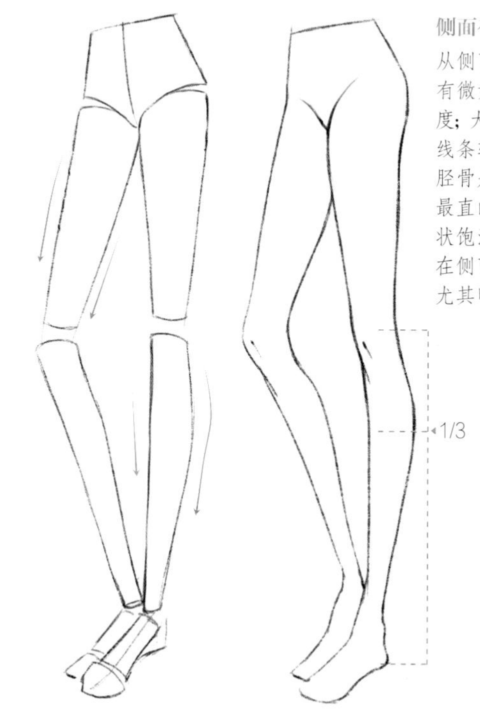

侧面有动态的腿部

从侧面看，大腿上方会有微妙的肌肉隆起的弧度；大腿下方因为拉伸，线条较为平直。小腿的胫骨是人体所有骨骼中最直的，而腓肠肌的形状饱满，这种曲直对比在侧面的小腿上体现得尤其明显。

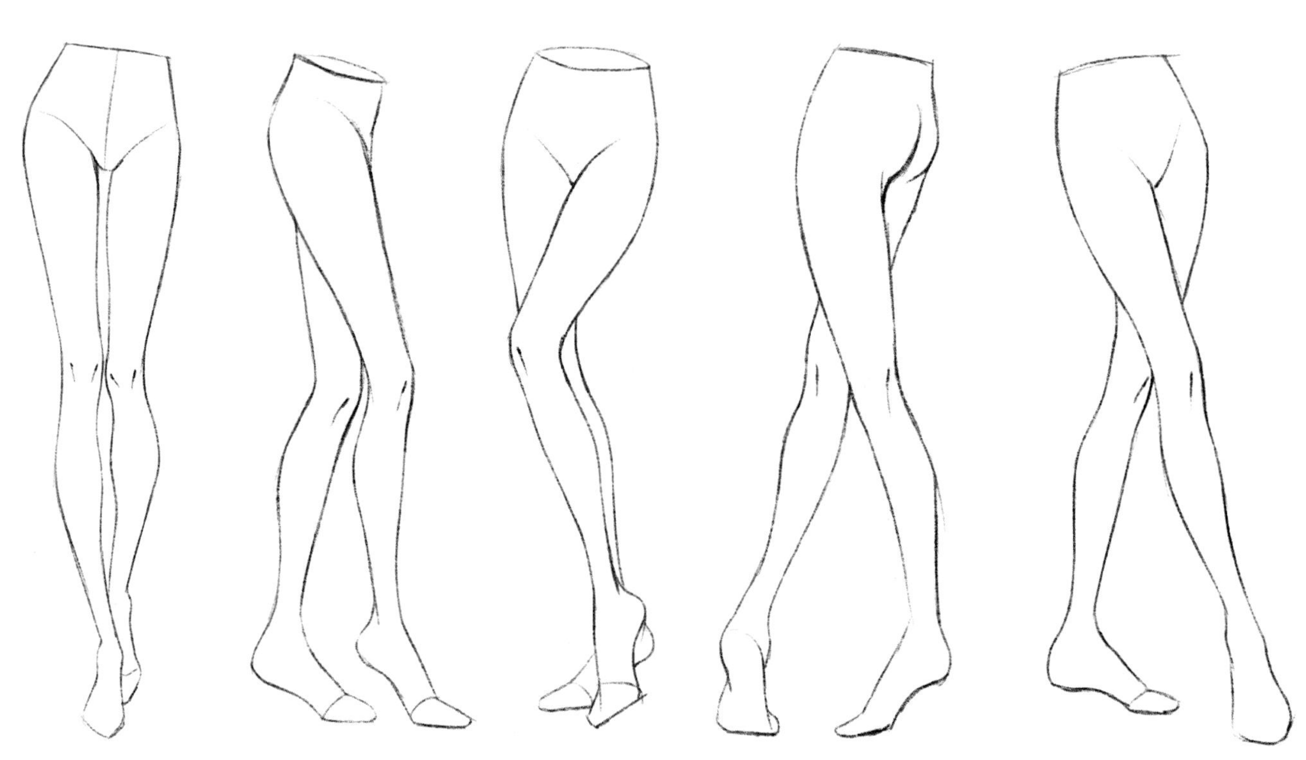

腿的不同动态

·脚

因为要支撑身体的重量，所以脚掌较为厚实，脚趾也较为粗壮。与手相比，脚的动态相对较少，脚背、脚跟和脚趾的转折和扭动决定了脚的形态。此外，脚的表现和鞋息息相关，脚背的透视和绷起的弧度会根据鞋跟的高度而变化。

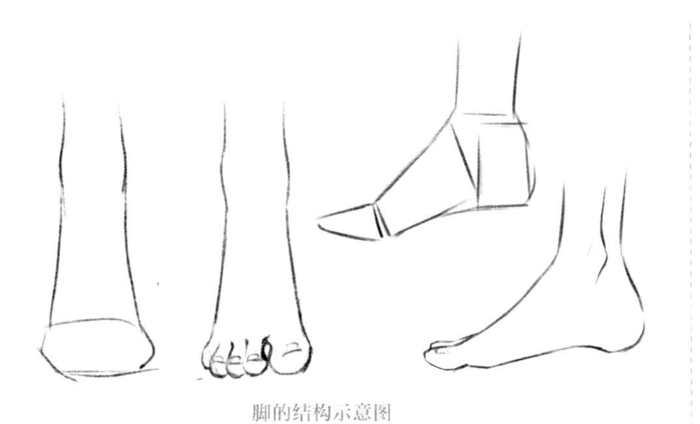

脚的结构示意图

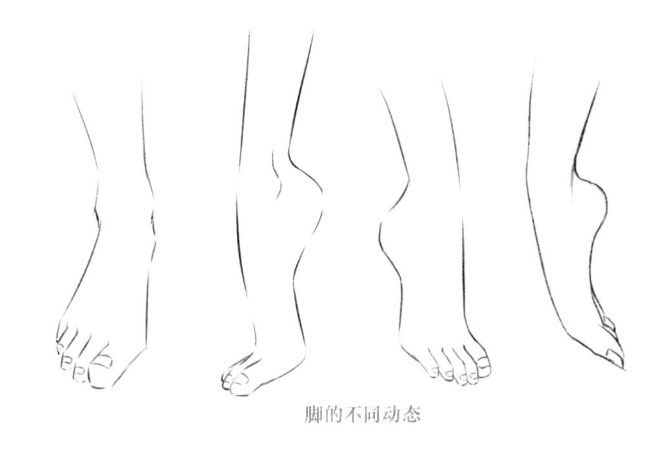

脚的不同动态

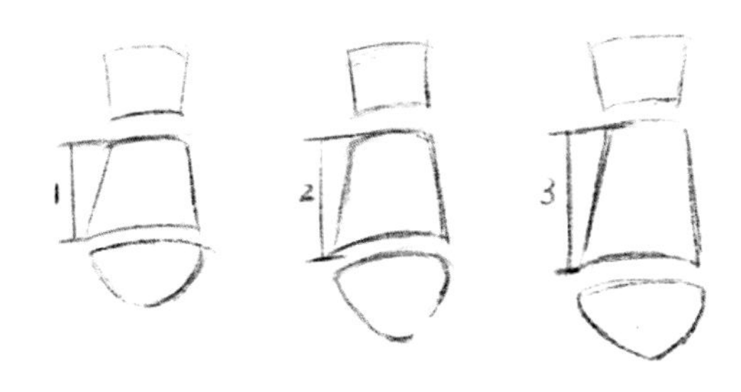

正面脚与鞋跟的关系

鞋跟越低，脚背的长度越短，脚掌的前后宽窄差距会越大；鞋跟越高，脚背的长度越长，脚掌前后差距不大。

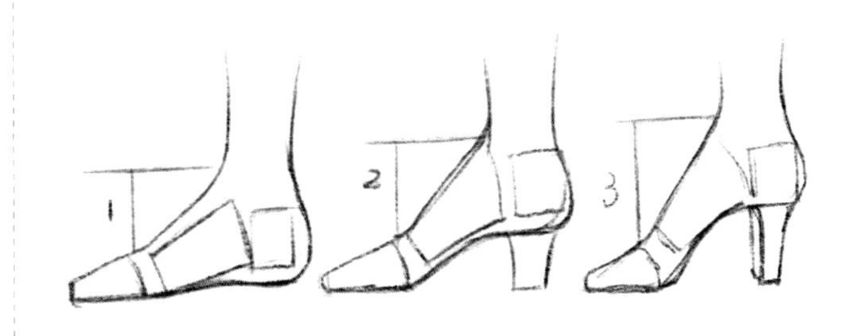

侧面脚与鞋跟的关系

鞋跟越低，脚背和脚弓的曲线越平直；鞋跟越高，脚背愈加绷紧，脚背和脚弓的弧度越大。

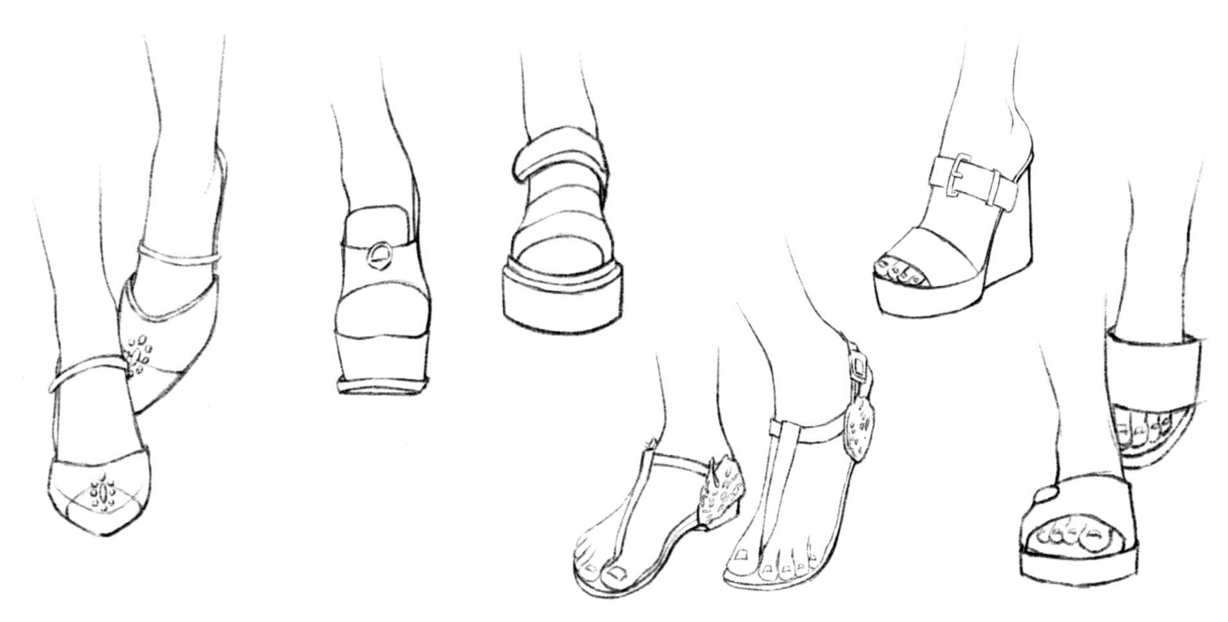

脚与鞋的不同搭配

1.3.3 时装画中的妆容与发型

在时装画中，发型和妆容一方面作为整体时尚造型不可分割的一部分，能对人物和服装起到良好的衬托作用；另一方面发型和妆容也能够突显或改变人物的形象和气质，成为画面的点睛之处。

发型的表现

头发附着在头骨上，因此发型的绘制要以头部结构为基础。系扎得越紧的头发，受头部球体体积的影响就越大；头发越蓬松，受头部的影响就越小。但是要注意，不论何种发型，都有其自身的体积感，都会和头骨之间有一定的空间距离。

在绘制头发时，切忌一根一根均匀地描绘发丝，而是要注意头发的层次和走向。可以有意识地将头发进行分组，并处理好疏密和穿插关系。此外，在表现头发时，不同的发丝质感可以通过线条的形态表现出来，例如直发的线条要自然流畅，卷发的线条要弯曲而富有韵律，盘发要根据发缕的走向来用笔等，这些都需要通过大量的练习才能熟练掌握。

·超短发

超短发因为发丝较短，所以基本会附着在头骨上，呈现出比较明显的球体外形。刘海和紧贴面部的发丝需要重点刻画，后脑的发丝可以适当省略，以突显头发的体积感。

01 用铅笔轻轻绘制出面部和头发的外轮廓，找准头顶的位置，呈现出较为饱满的圆球形。在面部绘制出中轴线和眼睛位置的定位线。

02 根据定位线绘制出五官的轮廓，再明确刘海的位置和造型。

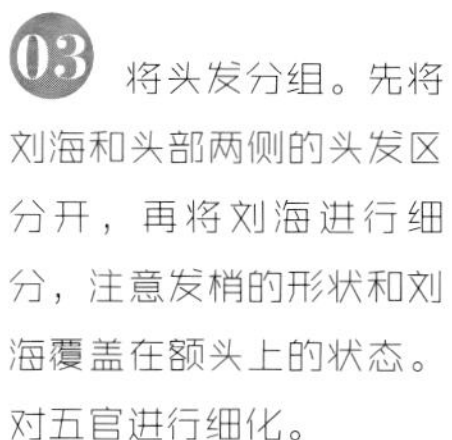

03 将头发分组。先将刘海和头部两侧的头发区分开，再将刘海进行细分，注意发梢的形状和刘海覆盖在额头上的状态。对五官进行细化。

04 将定位线擦除，根据头发的分组来绘制发丝。发型整体呈圆球状，从发旋处开始用笔，用流畅的弧线来表现。额前刘海的高光处要留白，脸颊两侧的线条用笔较重，表现出光影的变化。

·短发

短发的长度一般不会超过肩头，但发型的多样性并不逊于长发。案例选择的是一款刘海经过吹烫的短发，刘海形成了较为独立的造型。头顶的头发附着在头部呈现出球状体积，而后脑和脖子两侧的头发自然下垂。发型整体较为柔和，要注意发型边缘的起伏和小股头发的穿插，做到层次清晰但变化丰富。

01 用铅笔轻轻绘制出面部的外轮廓和较为蓬松的发型的外轮廓。确定头发分缝线的位置，再绘制出刘海向左右分开覆盖在额头的状态。在面部绘制出中轴线和表示眼睛位置的定位线。

02 整理出刘海的形状，通过线条的疏密变化来表现头发不同层次的叠压关系，注意头发对耳朵的遮挡。根据定位线绘制出五官的大致轮廓。

03 擦除定位线，绘制出五官的细节。进一步明确头发的分组，从凹陷的分缝线开始用笔，刘海要刻画得更细致，尤其要注意发缕的翻折和发梢的形状。从后脑披散下来的头发也要分组，表现出前后层次。

04 根据每组头发的走向绘制发丝细节，头顶留白，下层发缕受到上层刘海阴影的影响，线条较为深重。头部两侧、耳后和脖子后面的线条也要加重，以增强前后空间感。描绘出发梢处细小散碎的发丝。

05 进一步加重发缕交界处阴影深陷的部分，适当描绘亮部的发丝细节，丰富头发的层次感。

· 中长发

由于头发的长度，在表现中长发时除了注意头发本身的造型和层次外，还要注意肩部对其产生的影响。中长发可能会因为在肩部堆积而产生弯曲和翻折，也可能会因为肩部而影响前后层次。另外头发对耳朵和脖子的遮挡也要考虑在内。

01 用铅笔起稿，绘制出头发的整体轮廓和面部五官的大致位置。案例是一款较为自然的发型，头顶部位呈现出较为明显的球状外形，原本顺直向下的头发受到肩部的影响发生了弯折。

02 明确五官的结构，对头发进行大致分组。较为厚实的刘海覆盖在额头上，用圆弧线表现出刘海的体积。右侧发梢搭在肩上，形成S形的转折。左侧头发别在耳后，耳朵也会对头发顺势向下的走向产生影响。

03 细化头发的层次，整理每组头发的细节形态和相互间的穿插叠压关系，尤其是发梢的形状要仔细描绘。分缝线、刘海下层、耳后以及脖子后面等处的头发处于阴影处，这些地方的线条要密集、深重一些。

04 从凹陷处向凸起处用笔，笔锋收尖，绘制出发丝的细节，在刘海凸起处和头顶处留白。每一缕头发都有其光影变化，尤其是右侧发梢，光影会随着头发的翻折而变化。

05 进一步加深分缝线、头部两侧、耳后和脖子后面头发的阴影，使头发的层次更加分明，体积感更强。

06 更加仔细地整理发梢的细节并绘制出一些飘散的发丝，使发型更加生动自然。散碎的发丝仍然要根据发缕的走向用笔，数量不宜过多，避免发型显得凌乱。

·长直发

长直发能突显出女性文静娴雅的气质。与卷发或盘发相比，长直发的表现相对容易，发丝层次较为单纯，发缕之间没有太多的遮挡。但是，想要绘制出飘逸的长直发，笔触一定要流畅，线条排列要疏密有致，要主动去寻找变化，否则容易显得单薄呆板。案例在长直发的基础上增加了发辫的变化，要注意发丝走向因系扎而产生的变化。

01 用长线条概括出头部与发型的整体外轮廓，案例选择的是一个背侧面的姿态，要注意头发对头、颈、肩的遮挡。

02 轻轻绘制出五官的大致轮廓。对头发进行初步分组，划分出后脑勺的发辫、下垂的长发和头顶后梳的头发这三部分。

03 细化头发的分组：紧贴头顶的头发用圆弧线表现出球体的体积，发辫的扭转会产生叠压的层次，下垂的长发要将每缕的走向交代清楚。绘制出五官细节。

04 进一步梳理头发的走向，表现出头发的层次感。头侧的发丝因为系扎发辫向上掀起，压住头顶向后梳的发丝，并产生了较为鲜明的投影。

05 继续梳理发辫和下垂长发的走向，发辫整体呈现出圆柱体的体积，但是其中有疏密层次的变化。下垂的长发被发辫收紧，呈轻微的放射状，然后逐渐散开，变得顺直。

06 加重阴影深陷的部分，尤其是因为发辫而发生穿插的部分，进一步表现头发的体积感和层次感。

07 描绘亮部发丝的细节，使头发的明暗过渡更加自然。添加一些散碎的细发，让发型整体更为生动。

·卷发

通常卷发会因为发丝的卷曲产生较强的空间感，发型的外观会有较大的起伏变化，显得非常蓬松。卷曲的发丝不仅形态多变，发缕之间的穿插和叠压关系也会更加复杂。在绘制卷发时，笔触要适当抖动，或者用交错的短曲线来表现。

01 用长线条勾勒出头发的整体外观，发饰将头发划分为包裹着头骨的部分和披散的部分。

02 根据发饰的划分，上半部分的头发从头顶发旋处发散出来，用较长的弧线表现出头发包裹着头部的状态；下半部分用波浪曲线勾勒出发卷起伏的轮廓并进行分组。绘制出头饰的大致轮廓。

03 根据分组整理发丝的走向，头顶部分要体现出球体的体积感，发缕之间要区分出主次关系。卷发部分要将上层主要发卷的走向和穿插关系交代清楚，下层及两侧的发卷可适当简化。用较为肯定的笔触绘制发饰。

04 加重发丝的暗部区域，尤其是被发饰勒住的凹陷处，阴影非常深重。进一步整理上层发卷的形态，和下层发卷拉开层次。在头发的外轮廓和发梢处绘制出飞散的发丝，表现出头发的蓬松感。

05 继续加深头发的阴影部分，尤其是发卷交叠处投影死角的部位，强调发卷的起伏和层次变化。

06 再次加重发饰对头发产生的投影以及强调头顶球体的体积感，调整发卷的整体关系，使头发的层次更分明，光感更强。刻画发饰的细节，完成绘制。

· 盘发

盘发就是将头发盘成发髻或发辫，可以有多种花样。与披散的卷发相比，盘发的发髻有较为清晰的形状，体积感也非常鲜明。在绘制盘发时，要将发髻之间的穿插和叠压关系整理清楚，并适当区分出主次虚实，以体现发型整体的空间感。

01 绘制出面部五官和头发的大致轮廓，并将头发进行简单分组。发辫的排列较为规律，可以通过“人”字形的穿插线来细分每个发辫。左侧刘海的形状也要勾勒出来。

02 整理发辫的细节结构，每股发辫交界处要加重，发辫中间凸起的高处要留白，每股发辫都具有较为独立的体积感。细化左侧的刘海。擦除面部的辅助线并肯定五官的形状。

03 根据发辫的体积和结构绘制发丝细节，进一步加深发辫的凹陷处。左侧的刘海也要区分出层次，细碎的刘海和形态饱满的发辫形成视觉上的对比。刻画五官的细节。

04 进一步加深发髻间凹陷处的阴影区域，使盘发的结构更加立体。细节描绘外轮廓及发梢处散碎的发丝，为端庄的盘发增添几分灵动感。

发型表现案例

妆容的表现

化妆是面部主要的装饰手段之一，每一季随着时装流行发布的还有妆容的流行趋势。妆容的表现首要考虑的是色彩的搭配，色彩能形成极为鲜明的视觉印象。根据五官的结构进行妆容的绘制，妆容基本集中在眼周和嘴唇，要重点突显这两处的立体感。

·同色系自然妆容

自然妆容的色彩与肤色接近，不会有太多化妆的痕迹，可以在日常生活中使用，也可以与清新或简洁的服装相搭配。通过妆容的修饰会使五官显得更加立体，更加精致。在绘制时，可以通过比肤色阴影更加饱和一些色彩来表现妆容的层次。

01 用铅笔绘制出线稿，将五官的形状和结构描绘清晰，将不必要的线条擦除干净，保证画面整洁。

02 在眉弓下方、眼眶周围、鼻梁侧面和底面、颧骨下方和唇沟处，浅浅地绘制出肤色，初步表现出面部的立体感。

03 用饱和的肉粉色加重眼窝和鼻底的阴影，用红棕色勾勒出上眼睑的形状，并在外眼角染出眼影颜色。用红褐色绘制眉毛。

04 绘制出眼珠，瞳孔要留出高光，用黑色细致地强调出眼线。用水红色绘制出唇彩的颜色，和眼妆形成柔和统一的效果。

·烟熏妆容

烟熏妆容的特点主要集中在眼妆上，因为眼眶周围是较为浓郁的黑色，所以在绘制时一定要表现出眼珠的光泽感，避免妆容显得沉闷。唇妆可以采用同色系低饱和度色彩搭配，也可以采用艳丽的色彩形成视觉上的对比。案例则搭配了裸粉色的唇妆，给原本较为浓重的烟熏妆增添了几分清新雅致的少女感。

01 用铅笔起稿，绘制出发型和五官的细节，要注意五官因为面部侧转而产生的透视。

02 用肉粉色绘制出肤色，主要表现眉弓下方、鼻梁侧面和底面、颧骨下方以及唇沟处的阴影。3/4侧面的颧骨形状比较鲜明，用较为肯定的笔触强调出来。

03 用烟灰色先淡淡地染出眼影的范围，和皮肤的过渡要较为柔和，然后再用深黑灰色进行叠色，在外眼角上挑，增添眼妆的妩媚感。用灰褐色绘制出眉毛。

04 用淡粉色绘制出唇彩，下唇留出高光。用深红色勾勒嘴角和唇中缝，使唇型显得更加饱满。用黑色细致地整理眼线并绘制出睫毛。

· 对比色艳丽妆容

对比色能够形成较为强烈的视觉效果，用于妆容可以使其更为夺目，更加华丽。在使用对比色妆容时，注意要以一个色彩为主，其他色彩为辅，形成一定的主次关系，避免产生过于强烈的视觉冲突。

01 用铅笔起稿，借助辅助线绘制出发型和面部五官的轮廓。擦除辅助线，整理出清晰的线稿，避免对后期着色产生影响，为上色做好准备。

02 用浅肉色绘制出皮肤底色，在眉弓下方、眼窝、鼻梁侧面和底面、颧骨下方和唇沟处着重着色。头部处于微微俯视的角度，头发在额头上的投影、鼻子在面部的投影以及下巴在脖子上的投影比较清晰，需要一一绘制出来。

03 用松石绿绘制眼影，眼眶周围的颜色最深，然后慢慢晕染开，形成自然的过渡。绘制眼影时也要注意到上下眼睑的形状和眼窝深陷的结构。内眼角眼影的颜色较浅，外眼角的眼影色彩较重，并形成较为明确的上挑形态。

04 用棕褐色绘制出眉毛，眉头的颜色较重，眉尾颜色较浅，和眼影的颜色形成较为柔和的对比。

05 绘制眼珠，在瞳孔处留出高光，以体现眼睛的光泽。用黑色勾勒眼线并绘制出睫毛，上眼睑的睫毛比下眼睑的更加浓密，外眼角的睫毛比内眼角的浓密。

06 用深红色绘制出唇彩的颜色。唇彩的色泽艳丽，饱和度较高，是整个妆容的重点色。绿色的眼影色彩较为淡雅，黑色的眼线和睫毛起到了缓和对比的作用，因此整体妆容效果强烈，但不会过于刺激。

·装饰性艺术妆容

装饰性妆容的风格十分多变，且并不局限于用化妆品对五官进行烘托和塑造，而是采用更为多元化的艺术手法，将彩绘、粘贴、立体装饰等手法都运用其中，形成夸张的、富有戏剧性效果的妆容，这类妆容往往成为时尚造型中的焦点。

01 绘制出面部的轮廓和头顶的盘发，明确五官的位置和结构。将画面清理干净以便于后面着色。

02 在眉弓下方、鼻梁侧面、鼻底以及颧骨下方绘制出皮肤的颜色，人中、唇沟和脖子上的投影也要绘制出来。

03 用水红色绘制出眼影，用眼影的颜色突显出上下眼睑的结构。眼影在外眼角上挑出细长的装饰造型。用红棕色绘制出眉毛。加重鼻底的阴影，使五官更加立体。

04 用棕色绘制眼珠，眼珠上深下浅留出反光；用黑色绘制瞳孔，瞳孔留出高光以突显眼睛的神采。用黑色绘制出上挑的眼线，并根据上眼睑的结构描绘出夸张的装饰线。绘制出下眼睑的睫毛。

05 用大红色绘制嘴唇。上唇因为向内倾斜而颜色稍深，下唇略微外凸颜色稍浅，下唇要留出高光。用黑色勾勒嘴角和唇中缝。

06 沿着颧骨的侧面斜向侧锋用笔，淡淡地扫出腮红。

发型和妆容的综合表现

设计师通常会将发型和妆容进行整体考虑，使头部造型形成一个统一的整体。案例选择的是一个将古典风格妆容和现代感发型相结合的造型，妆容细腻的色彩变化和发型鲜明的外观形成了对比，在绘制时要寻找这其中的微妙变化。

01 用铅笔起稿，绘制出面部五官、发型及肩颈部的大致轮廓，再绘制出发饰和衣领，注意衣领包裹着脖子的状态。

02 将多余的线条擦除，留下较为精确的轮廓线，再用圆顺、流畅的曲线强调五官的结构并整理发丝。

03 将铅笔线擦浅，用红棕色彩铅勾勒面部、五官和外层衣领的轮廓，用中黄色彩铅整理头发的分组，用蓝色彩铅勾勒衬衣的衣领。用肉色浅浅地绘制出皮肤的底色。

04 用肉色加重眉弓下方、眼眶周围、鼻根、鼻底、颧骨下方和唇沟处的颜色，表现出头部和五官的立体感。顺着五官的结构用笔，笔触要柔和，以体现皮肤光滑的质感。

05 用红棕色绘制眼影，颜色的过渡要自然。用深棕色加重眼窝并绘制眉毛，用冰蓝色绘制眼珠，用黑色绘制瞳孔并勾勒出眼线和睫毛。用浅玫粉绘制嘴唇及腮红。

06 用玫粉色进一步丰富嘴唇的色彩，使唇型更加饱满。用浅黄色绘制头发的底色并初步突显出发髻的体积感。耳后的散发处于阴影区域，可整体铺色。

07 用棕黄色绘制头发的暗部并整理出发丝细节。发髻的凸起处留白，在头顶的系扎处和头饰的压叠处加深，用强烈的明暗变化来突显饱满的体积感。右侧包裹着头部的发丝要体现出球体的体积感，左侧耳后的散发也要分出层次。

08 用熟褐进一步整理发丝细节，尤其是加重发髻、发饰、耳朵形成的投影和发缕叠压形成的投影，丰富头发的层次。在脸颊上绘制出几颗小雀斑，使人物更为生动。

09 绘制出发饰，耐心刻画出上面精细的花纹，再用高光笔点上高光，表现出发饰金属的质感。给衣领着色，要表现出衣领翻折的结构。调整画面的整体关系，完成绘制。

1.3.4 时装画中常用的动态

在时装画中，人体的动态是为了更好地展示服装，突显设计重点，服装和动态在画面中应该相得益彰。人体动态的形态多变，尤其是复杂的姿态和透视，表现起来会非常困难，但就时装画而言，只要掌握一些常用的站立和行走的动态即可。通过对一些动态规律的分析和掌握，就能够绘制出平衡、稳定的动态。

人体运动的规律和重心

人体每个部分的运动都围绕着各个关节进行圆周运动，手臂的抬举、腿部的伸缩、腰部的扭转和俯仰等，都以关节为中心而展开。在没有透视的情况下，人体的各个局部在运动中的长度比例是不变的。此外，人体各部位的运动范围有一定的局限性，例如手臂向前的活动范围大于向后的活动范围，腿部向外侧的活动范围大于向内侧的活动范围，腰部前弯的范围大于后仰的范围等，这些都是在绘制人体动态时需要注意的，避免人体出现不合理的变形。

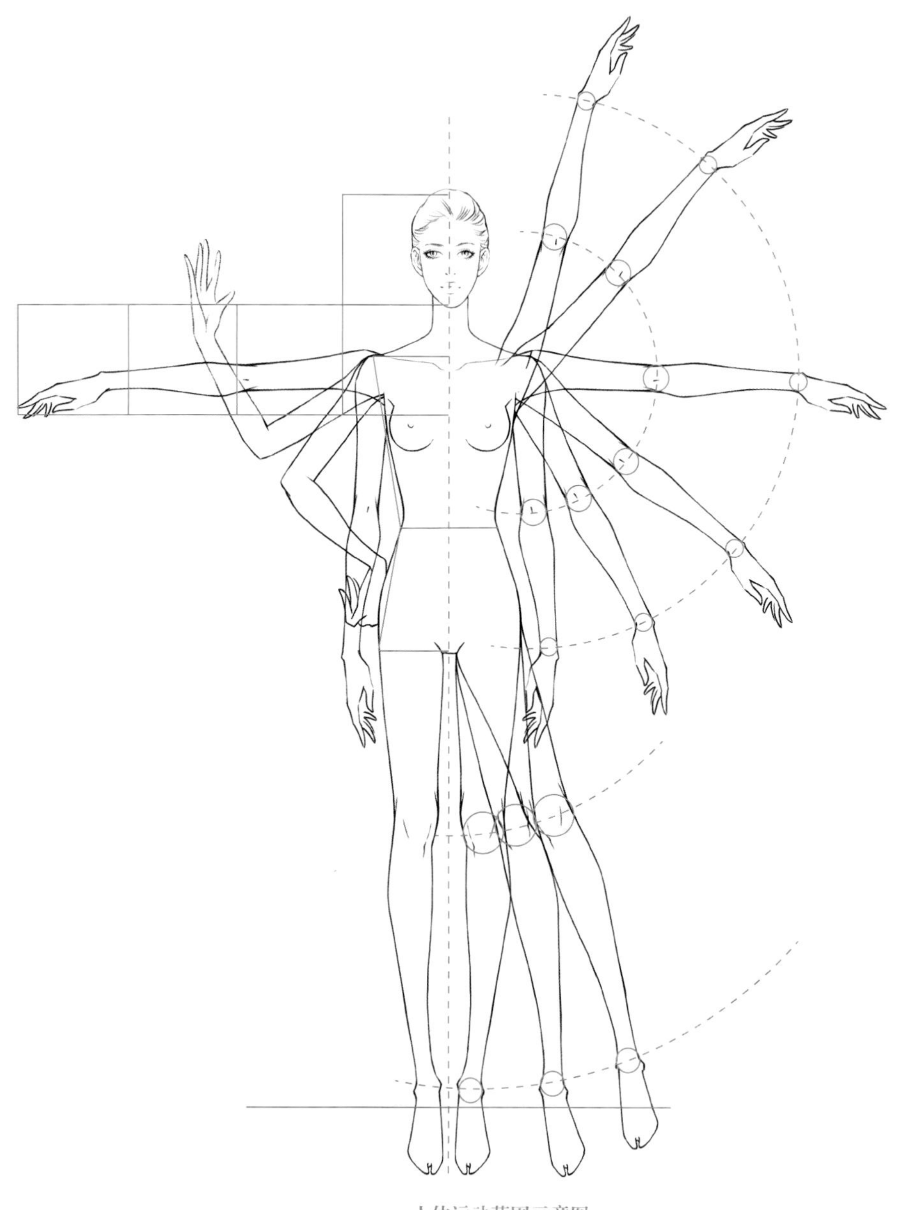

人体运动范围示意图

人体在做出各种动态时需要身体各部分互相协调，找准着力点来维持平衡。这个着力点就是人体的重心。通过锁骨中点引出一条垂线，这条垂线就是重心线。重心线不会根据人体的动态而变化，无论什么动态都可以借助重心线来检查动态是否稳定。就站立的姿势而言，动态和重心的关系可以分为两种情况：一种是两条腿平均支撑身体的重量，重心线落在两腿中间，胯部基本上不摆动；另一种是一条腿主要支撑身体的重量，重心线落在支撑腿上或支撑腿附近，胯部向支撑腿一侧抬起。

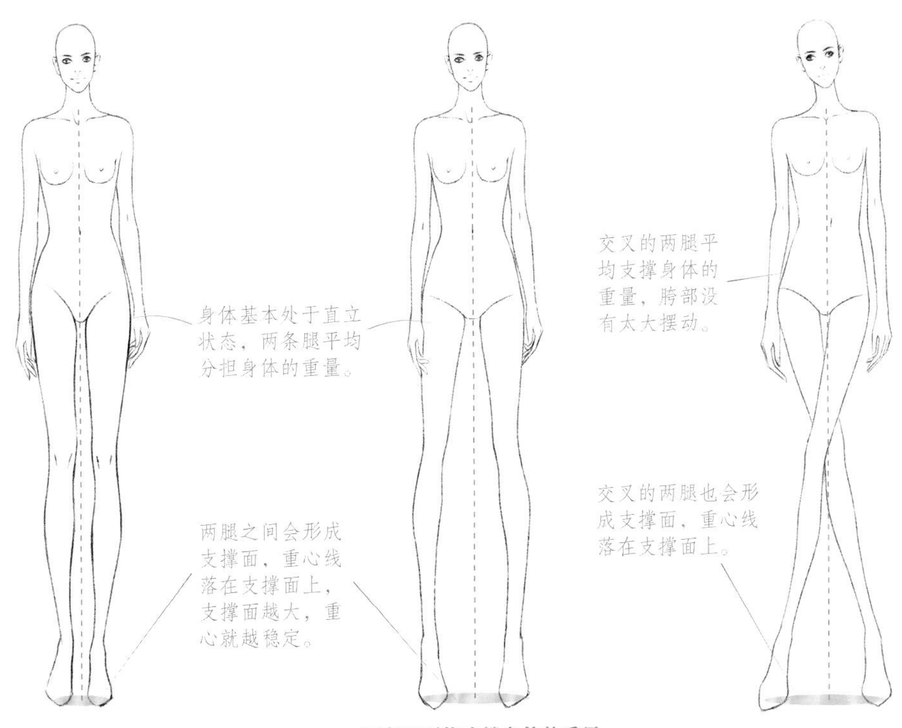

两条腿平均支撑身体的重量

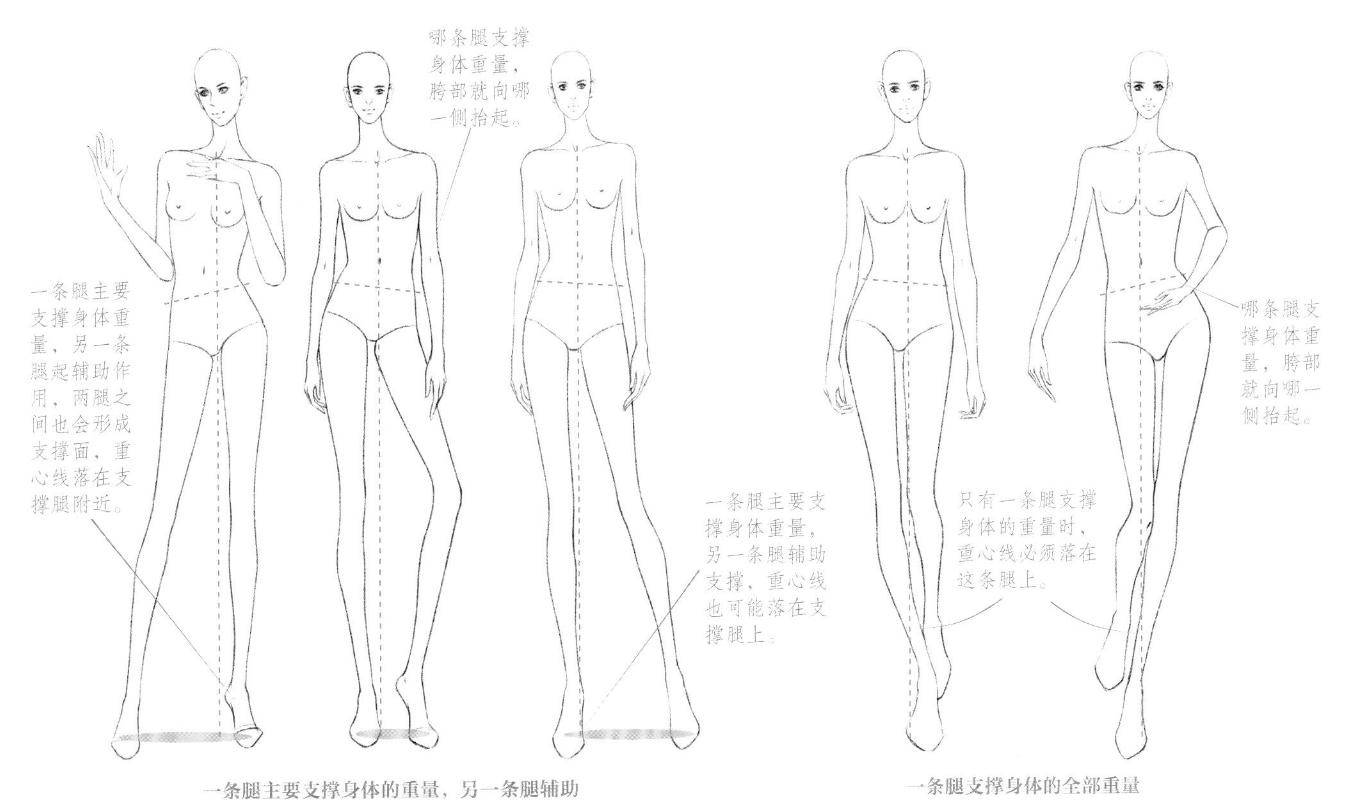

一条腿主要支撑身体的重量，另一条腿辅助　　一条腿支撑身体的全部重量

时装画中常用的 T 台动态

女性模特在T台上走一字步，这种步态能够突显臀部的摆动，展现出女性身体的曲线美，在展示服装时显得直观生动。在绘制行走的动态时，首先要找准臀部摆动的弧度与人体重心的关系，再通过肩点连线找准胸腔和臀部之间的关系。在行走时，有可能上身保持直立，只有臀部摆动；也可能肩部和臀部向相反的方向运动；还可能上身侧转而臀部保持正面。不论是何种姿态，都要保证行走时重心的稳定。

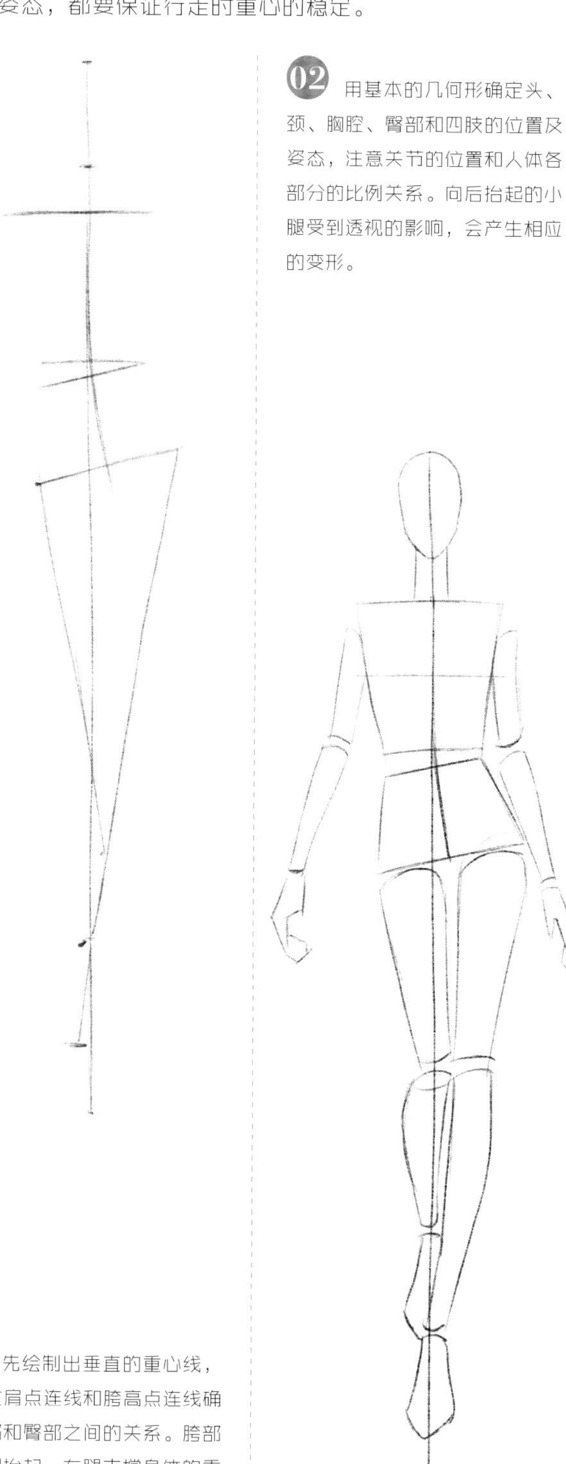

01 先绘制出垂直的重心线，再通过肩点连线和胯高点连线确定肩部和臀部之间的关系。胯部向左侧抬起，左腿支撑身体的重量，要将其落在重心线上。

02 用基本的几何形确定头、颈、胸腔、臀部和四肢的位置及姿态，注意关节的位置和人体各部分的比例关系。向后抬起的小腿受到透视的影响，会产生相应的变形。

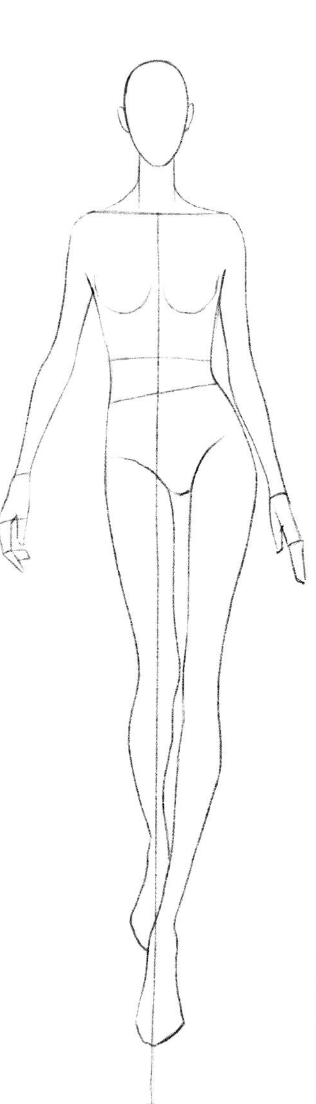

03 在几何形的基础上，用圆润的曲线完善人体的轮廓线，不要忽略关节和结构转折处的细节形态。擦除不必要的辅助线。

04 在上一步的基础上添加锁骨、胸部、手指、肘窝和膝盖关节等细节，并将画面清理干净，整理出清晰的线稿。

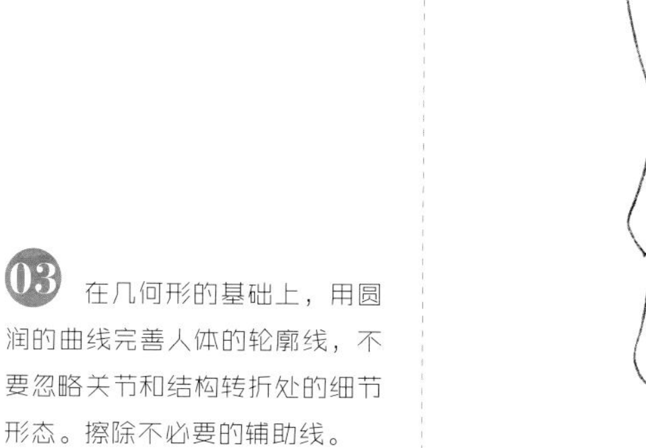

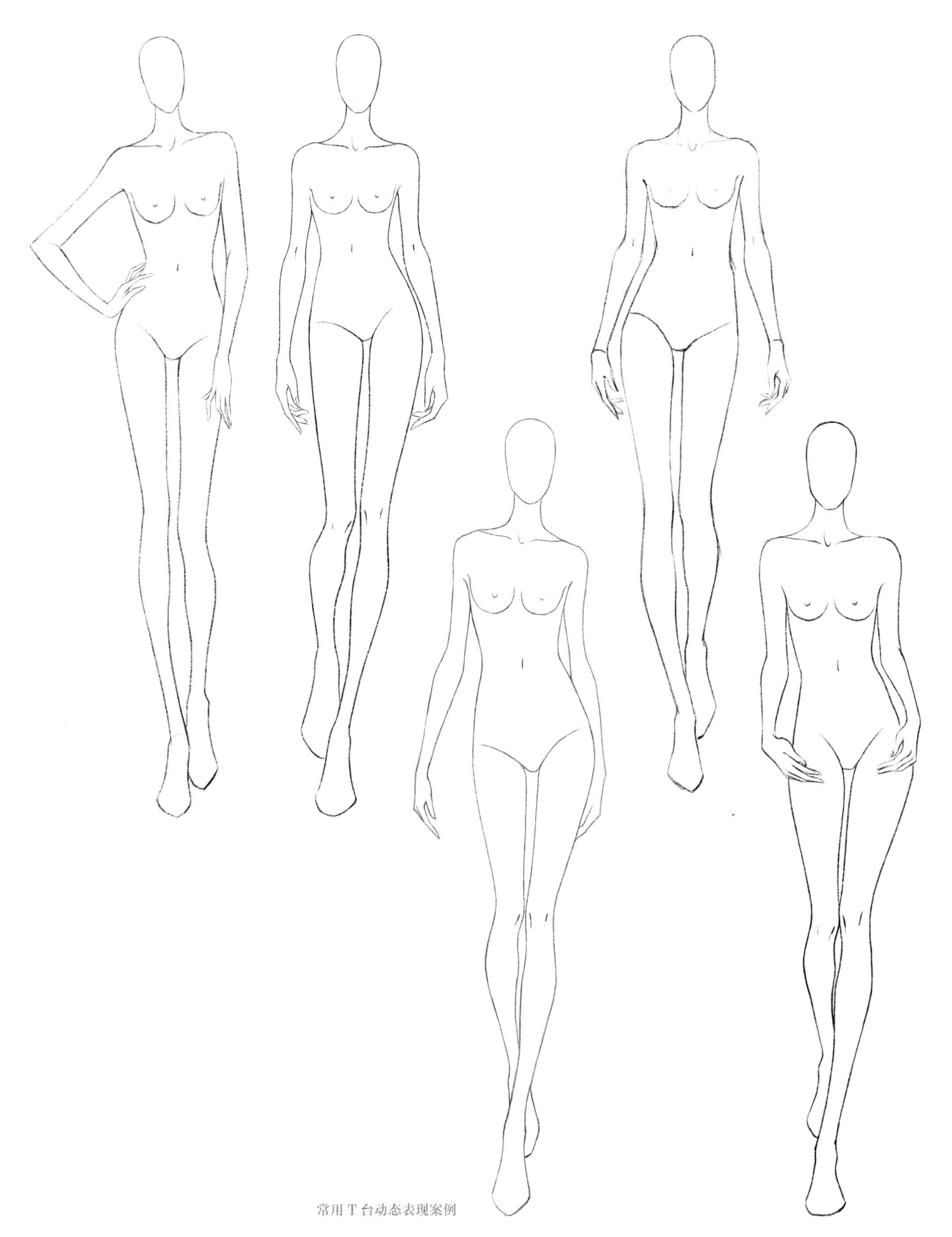

常用 T 台动态表现案例

时装画中常用的站立动态

站立动态对服装的遮挡和干扰较少，能较为全面地展示服装，因此也是时装画中最常采用的一类动态。和T台动态一样，胸腔与臀部的关系和对重心的把握是表现的重点。由于没有行走抬腿的动作，因此腿部不会出现太大的透视变化；而为了增加动态的生动性，手臂的动作和上半身的侧转扭动会增加表现的难度。

· 上身直立的站立动态

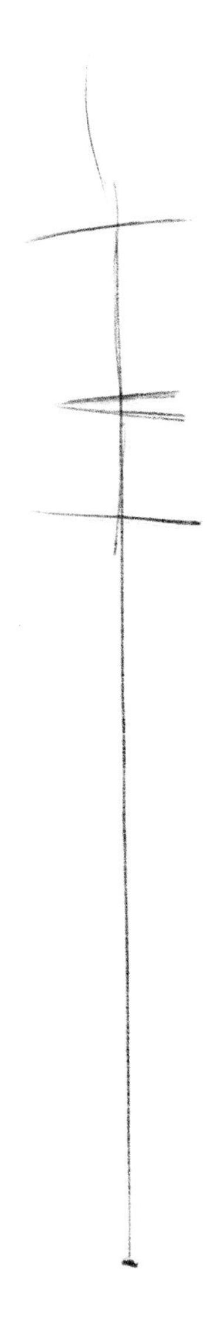

01 先绘制出垂直的重心线，再通过肩点连线和胯高点连线确定出肩部和臀部之间的关系。该动态上半身基本保持直立，轻微向右压肩的同时胯部略向右抬起，形成身体右侧紧缩，左侧伸展的姿态。

02 用基本的几何形明确胸腔和臀部的关系，并根据胯部抬起的方向确定腿的动态。右腿支撑身体的主要重量，靠近重心线；左腿微弯放松，离重心线较远。膝关节连线和踝关节连线与胯高点连线基本平行。

03 用几何形绘制出头颈和四肢的基本结构，明确关节的位置和人体表面的曲线起伏，注意叉腰的手臂的比例关系以及头部微妙的侧转。

04 用圆顺的曲线完善人体的轮廓，并绘制出锁骨、胸部、手指和四肢关节等细节。擦除辅助线，整理出干净的线稿。

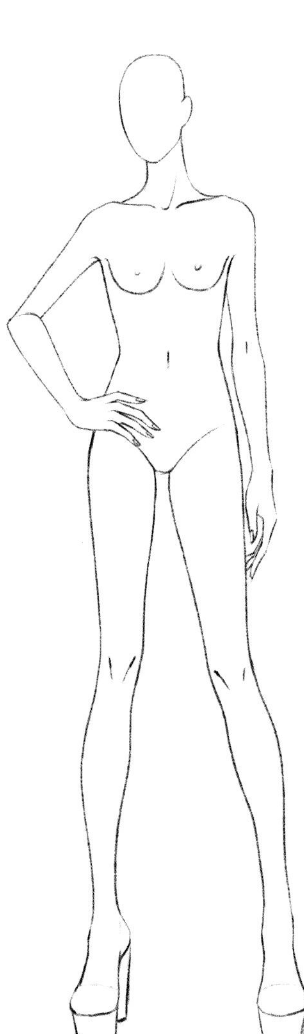

· 上身侧转的站立动态

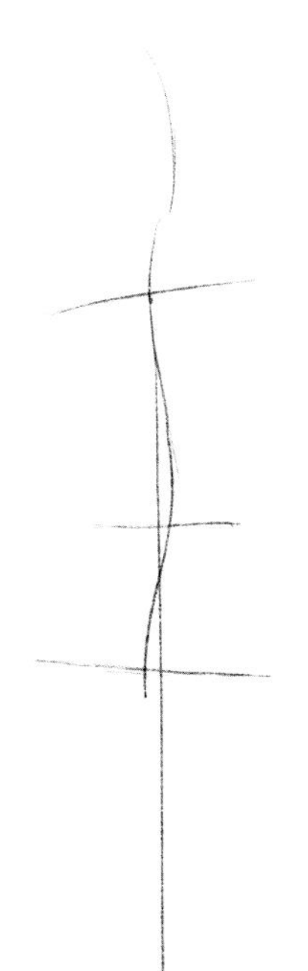

01 先绘制出垂直的重心线，该动态上身向右偏转，胯部向右抬起，可以用S形的曲线来表现身体的扭转。绘制出肩点连线，胯高点连线和大转子的连线来找寻人体的透视关系。

02 用几何形概括出胸腔和臀部的关系。上半身侧转，受到透视影响，肩宽应略窄于正面的肩宽。人体向右抬胯，右腿基本承担了身体全部重量，这条腿要落在重心线上。左腿弯曲，注意其长度应和右腿等长。

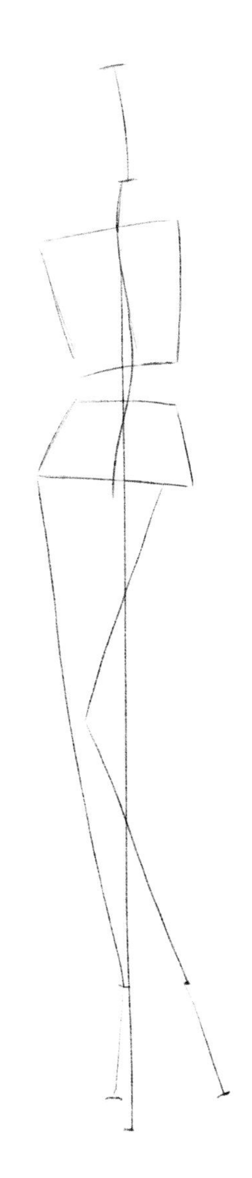

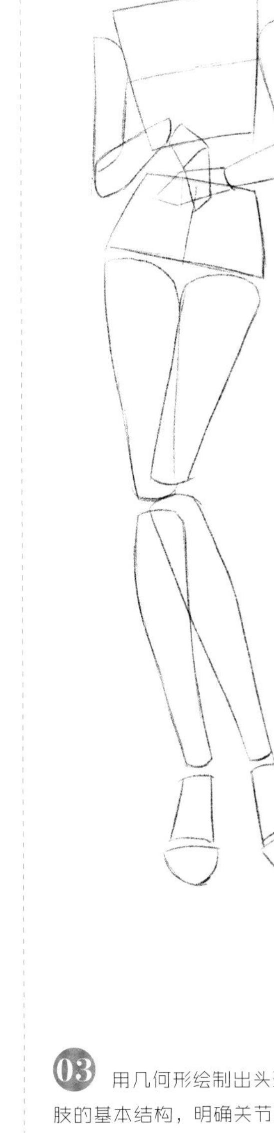

03 用几何形绘制出头颈和四肢的基本结构，明确关节的位置和人体表面的曲线起伏。注意右侧小臂受到透视的影响所产生的变形。两腿前后遮挡的关系也要进一步明确。

04 用圆顺的曲线完善人体的轮廓，并绘制出锁骨、胸部、手指和四肢关节等细节。

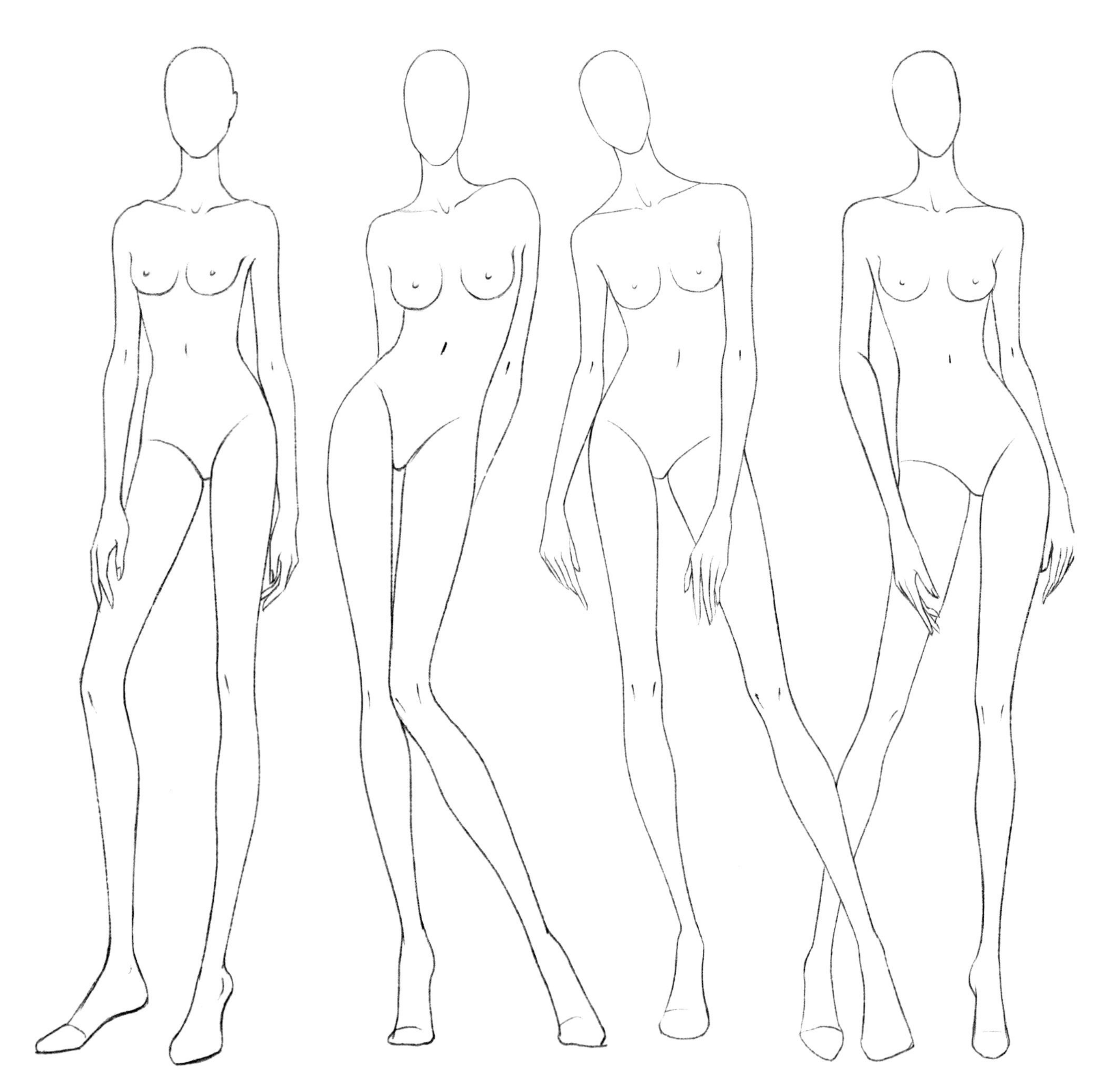

常用站立动态表现案例（1）

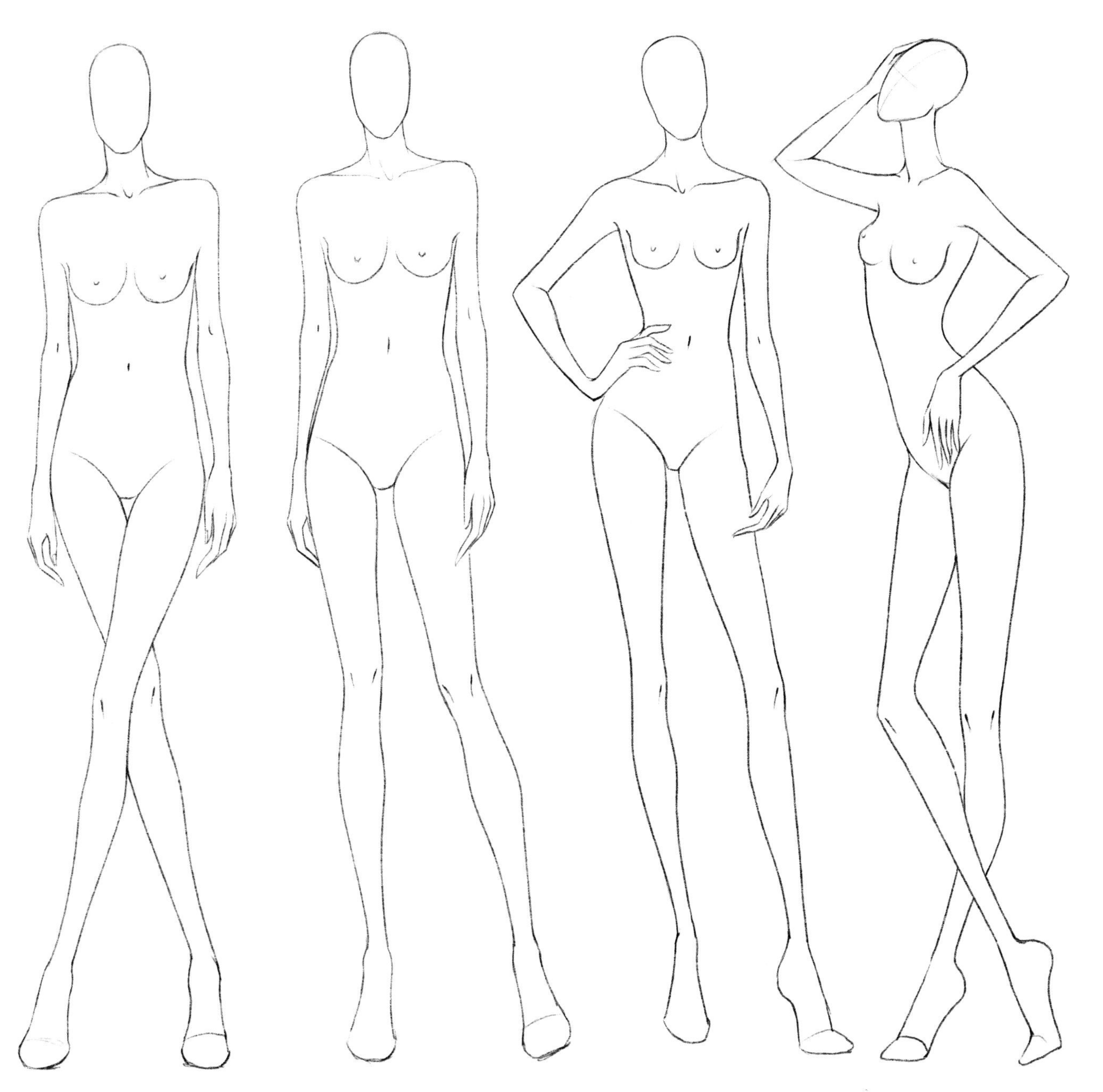

常用站立动态表现案例（2）

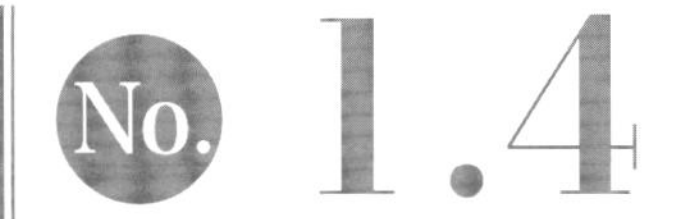

时装画中服装与人体的关系

Introduction

将平面的布料包裹在立体的人体上，布料与人体之间会形成空间，人体与布料的空间关系就是服装设计研究的重点。有的空间是必须的，这种空间能够保证人体的自由活动；有的空间则是相对独立，不受人体结构和运动影响，这种空间的塑造是服装结构设计的主要手段。不论服装的款式和造型如何多变，在绘制时装画时都不能忽略掩盖在布料下人体的结构与动态。

1.4.1 服装的廓形

廓形是一件或一套服装最为直观的外部形态，可以给人们带来强烈的视觉冲击，并体现出设计的凝聚力。廓形的实现需要两大要素：一是对服装结构的塑造，通过结构线、省道和褶皱来实现；二是服装面料的支撑，面料的质感及特性对廓形的实现至关重要，如果一些廓形过于夸张，就需要采用其他的工艺手段进行辅助，如烫衬、填充物或搭建支撑架等。

· X 形

X形是最为传统的女装廓形，也是历史上使用时间最长的服装廓形。X形的服装能最好地展现出女性丰胸、细腰、丰臀的"沙漏形"身体曲线，充分体现出女性的魅力。

· A 形

在14世纪的哥特式时期出现了A形廓形，纵向的长线条能够拉伸身体的比例，这种廓形在帝政时期也极为风靡。在现代服装中，A形廓形弱化了身体曲线，展现出宽松、简洁的直线感。

· H 形

H形是腰部宽松的廓形，出现在19世纪末20世纪初，女性从紧身胸衣的束缚中解脱出来，服装向着更为舒适的方向发展。著名设计师夏奈尔的夫拉帕样式，就是那个时代的缩影。

· T 形

T形是夸张肩部的样式，使女装具备了男装的特性，强调了女性强势的一面。最具代表性的T形服装是伊夫·圣罗朗的吸烟装，这种廓形的出现模糊了男女两性的性别特征。

· O 形

O形是运动装及休闲装常用的样式，宽松的空间满足大量运动的需求。服装的开口处被带扣、抽绳或罗纹口收紧，避免了宽松的服装对动作形成干扰。此外，造型独特的袖子也容易形成O形廓形，产生极强的装饰性。

X 形的服装

A 形的服装

H 形的服装

T 形的服装

O 形的服装

1.4.2 服装各部件与人体的关系

服装的整体廓形是由服装的各个部件组合而成的，对各部件进行创新变化是一件既富趣味性又具有挑战性的工作，可以将所有的部件以统一的风格整合起来，形成和谐整体的外观；也可以单独强调某一部件，使其成为设计重点。

领子

在设计领子的时候需要注意领子和肩颈部位的关系。紧贴脖子的关门领，如旗袍的立领和有领座的衬衫领，需要留出脖子的活动空间或是采用有弹性的面料。开门领或装饰性的领子受到脖子的限制较少，结构上会更加自由。没有领子的服装，可以在领口线上进行设计变化。

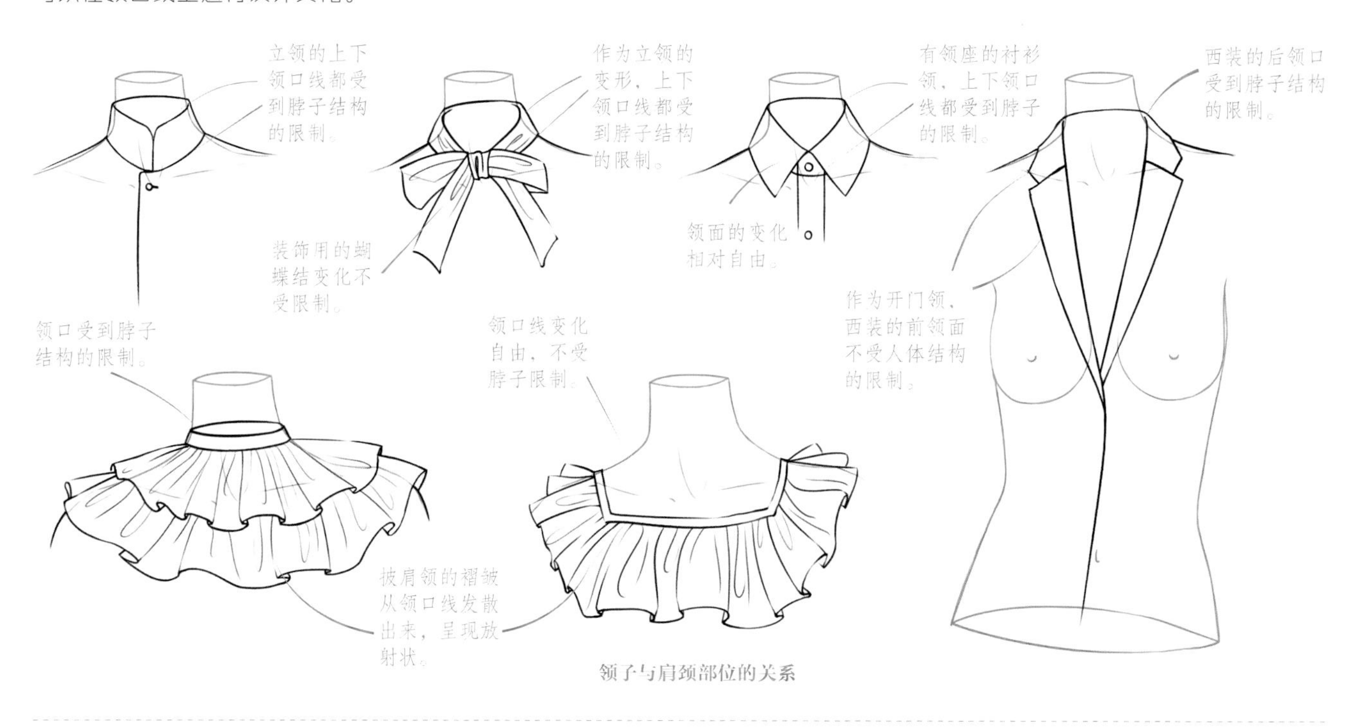

领子与肩颈部位的关系

不同款式的领子

袖子

袖子是所有服装部件中最具分量感的部件。袖子的造型在很大程度上能够决定服装的整体廓形。通常而言，不同的袖子会和相应的服装款式进行搭配：两片袖搭配西装或外套，一片袖搭配衬衫或连衣裙，插肩袖多用于运动夹克或外衣，装饰袖则多用于前卫或设计感强的服装。

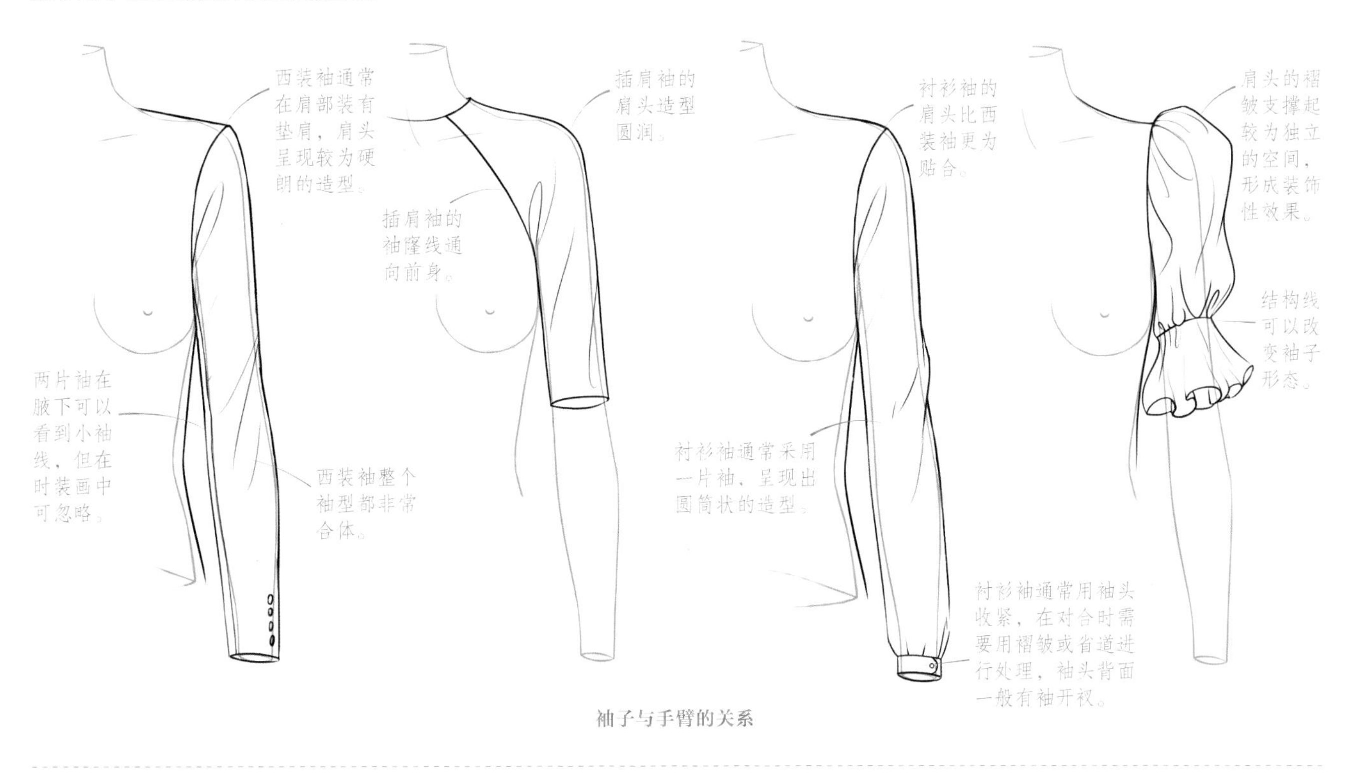

袖子与手臂的关系

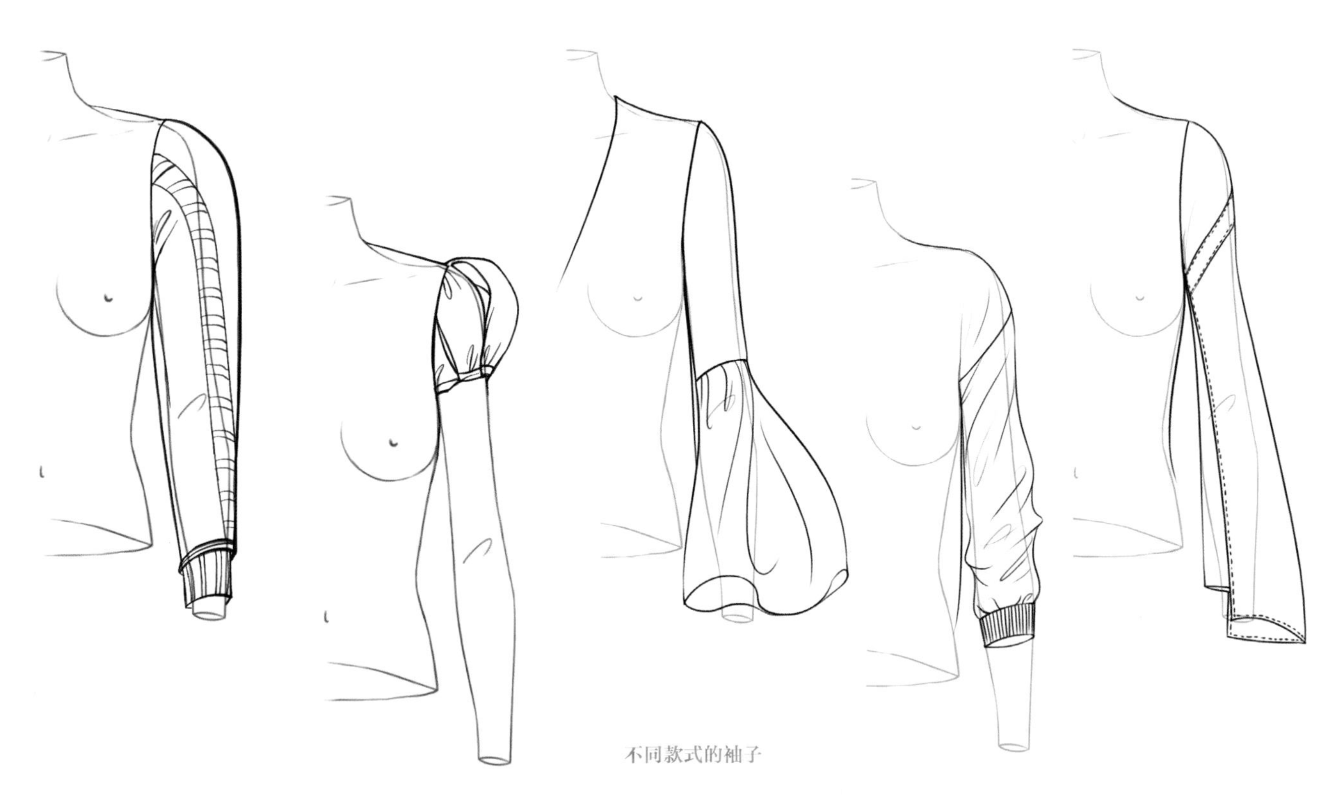

不同款式的袖子

门襟

要将服装穿在人体上，就必须考虑合适的穿脱方式，对门襟的设计就是对服装穿脱方式的设计。门襟可以分为两大类：一类是叠襟，左右衣片交叠，形成一定的重叠量，用纽扣、钉扣等方式来闭合门襟；另一类是对襟，衣片不需要重叠量，靠拉锁、挂扣、系绳等方式来闭合。在设计时，可以将领子、下摆和门襟看作一个整体，统一考量。

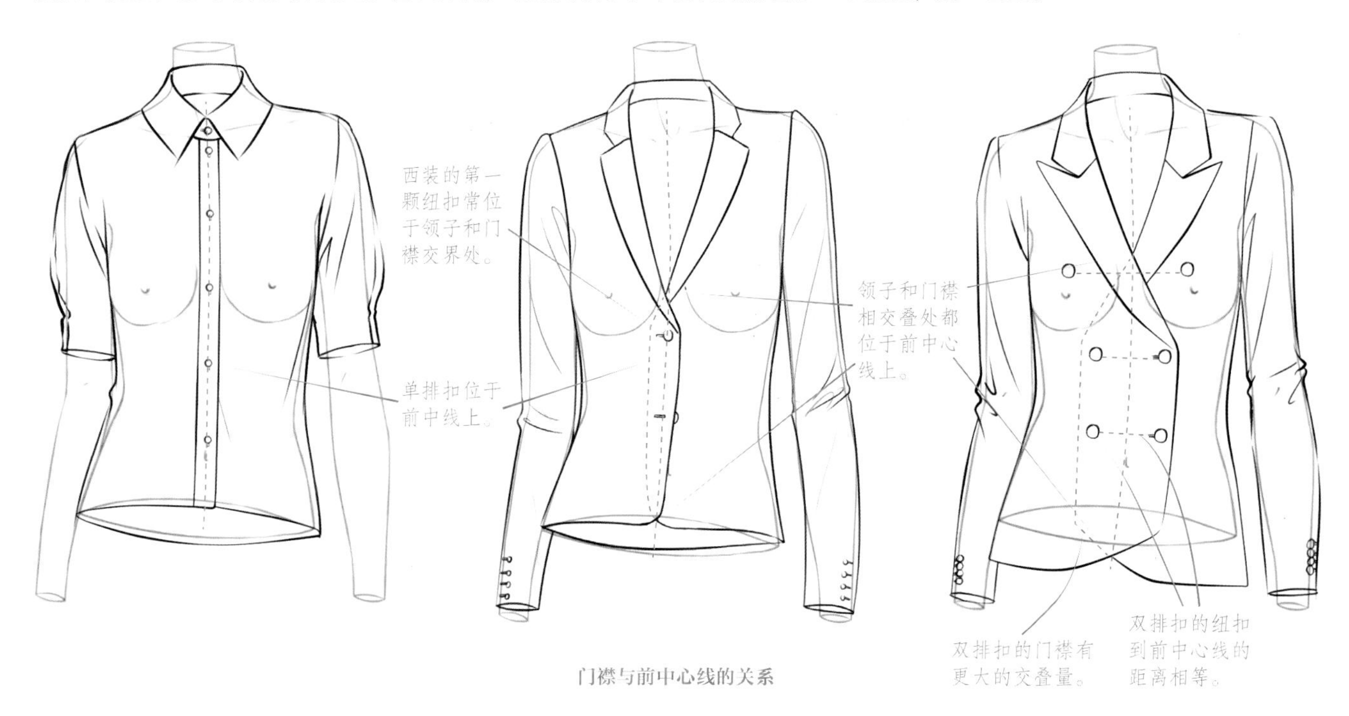

门襟与前中心线的关系

不同款式的门襟

腰头

腰头是非常容易被忽略的部件，但其作用却不容小视。一方面，腰头对下半身的服装起到固定作用，尤其是臀部宽松的裙装或裤装，完全依赖于腰头的固定。另一方面，腰头作为上下装的分界线，在某种程度上可以划分上下半身的比例，对服装造型进行调节。一些宽松的服装搭配腰带，也可以起到类似的效果。

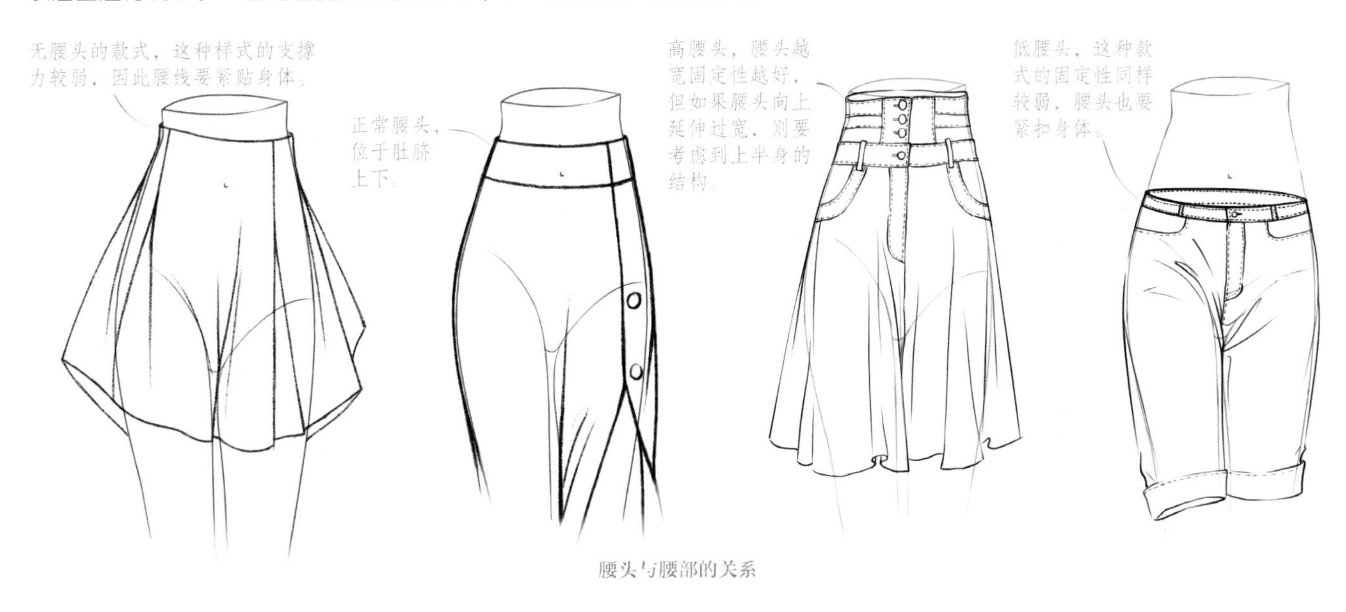

腰头与腰部的关系

不同款式的腰头

口袋

口袋可以说是服装上最具功能性的部件之一，不同用途的服装会搭配不同类型的口袋。西服等较为正式的服装或较为轻薄合体的服装，通常会搭配挖袋，休闲类服装通常会搭配贴袋，而功能性服装则会增加口袋的容量并用明线、铆钉、贴片等进行加固。虽然口袋是一种功能性部件，但越来越多的设计师也赋予其装饰作用，这使得口袋的样式向着复合型发展。

几种典型的口袋样式

不同款式的口袋

1.4.3 褶皱的表现

想要将服装绘制得生动自然，对褶皱的表现就必不可少。由于布料的柔软性，褶皱的形态千变万化，面料的质地、人体的运动、服装的款式以及工艺加工都会影响褶皱形态的变化。总体而言，服装的褶皱可以分为两大类，一类是因为人体运动而产生的自然褶皱，这类褶皱能够体现模特的动势，表现出着装的效果；另一类是通过工艺加工形成的装饰性褶皱，属于服装的款式特征，在表现时要适当突出。

人体运动形成的褶皱

人体运动所形成的褶皱实际上反映了服装与人体的空间关系。通常而言，越宽松的服装和人体之间的空间越大，也就越容易产生褶皱，而人体的运动会使褶皱的变化更加复杂。根据人体运动的形式，可以将这类褶皱归纳为以下三类。

·挤压褶

肢体在运动弯曲时就容易产生挤压褶。挤压褶具有较强的方向性，会在弯曲下凹的地方汇集，最典型的挤压褶出现在肘弯处和膝弯处，形成放射状的褶皱。

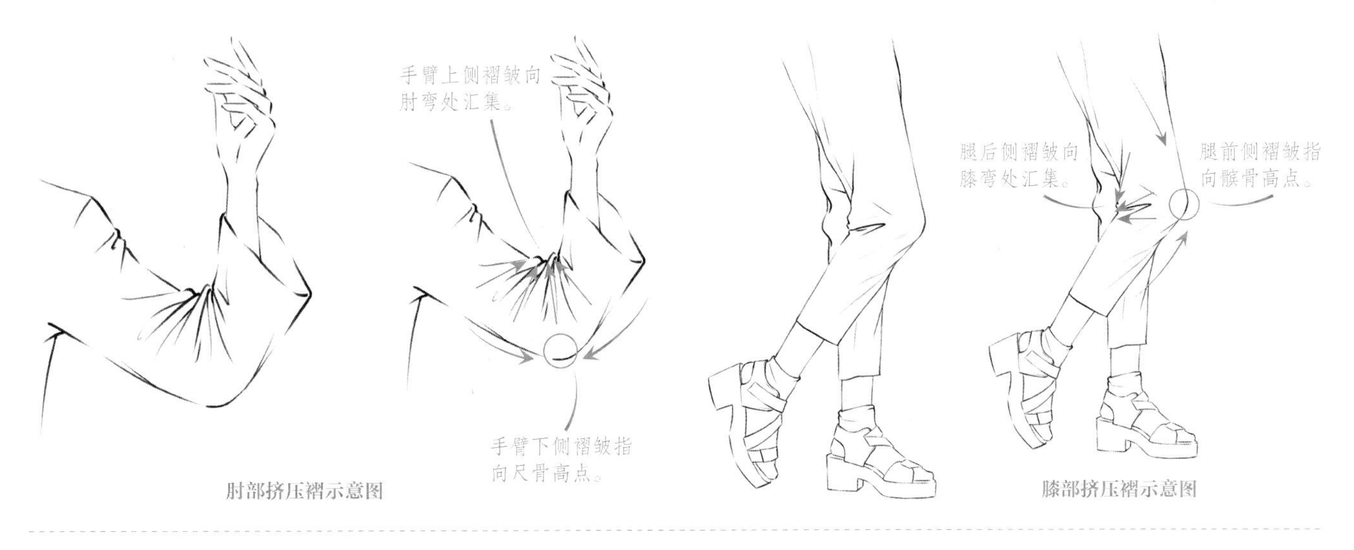

肘部挤压褶示意图　　膝部挤压褶示意图

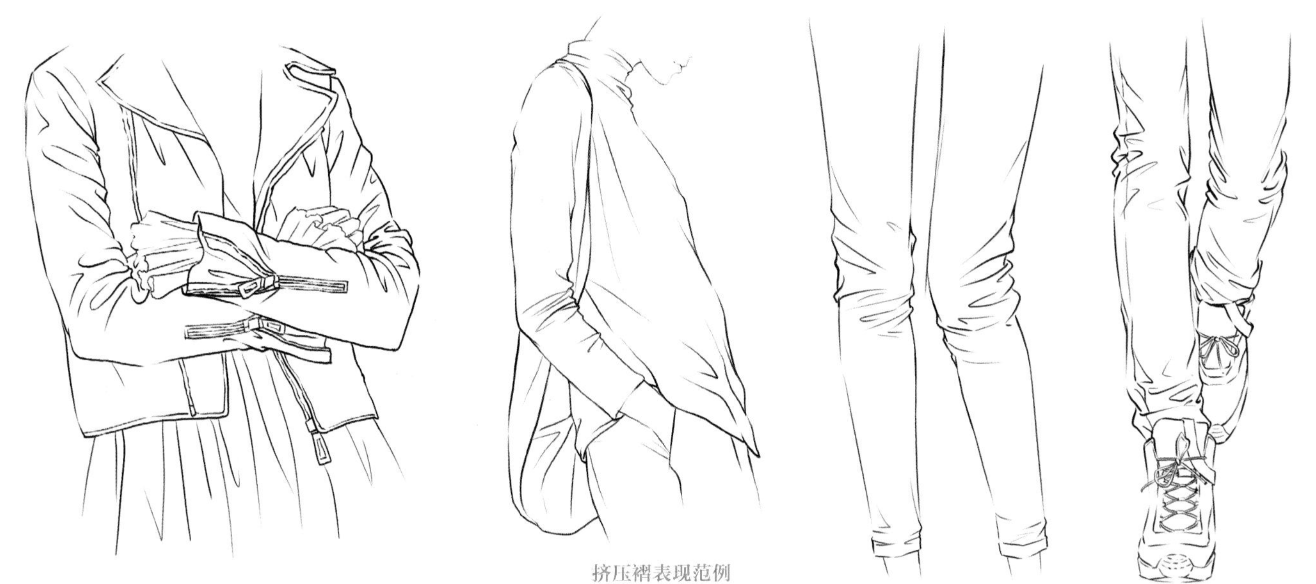

挤压褶表现范例

·拉伸褶

人体在伸展运动时就会形成拉伸褶。拉伸褶也是方向明确的放射状褶皱，抬起手臂或迈步时，在腋下和裆部就容易产生明显的拉伸褶。运动的幅度越大，服装越紧贴身体，拉伸褶就越明显。

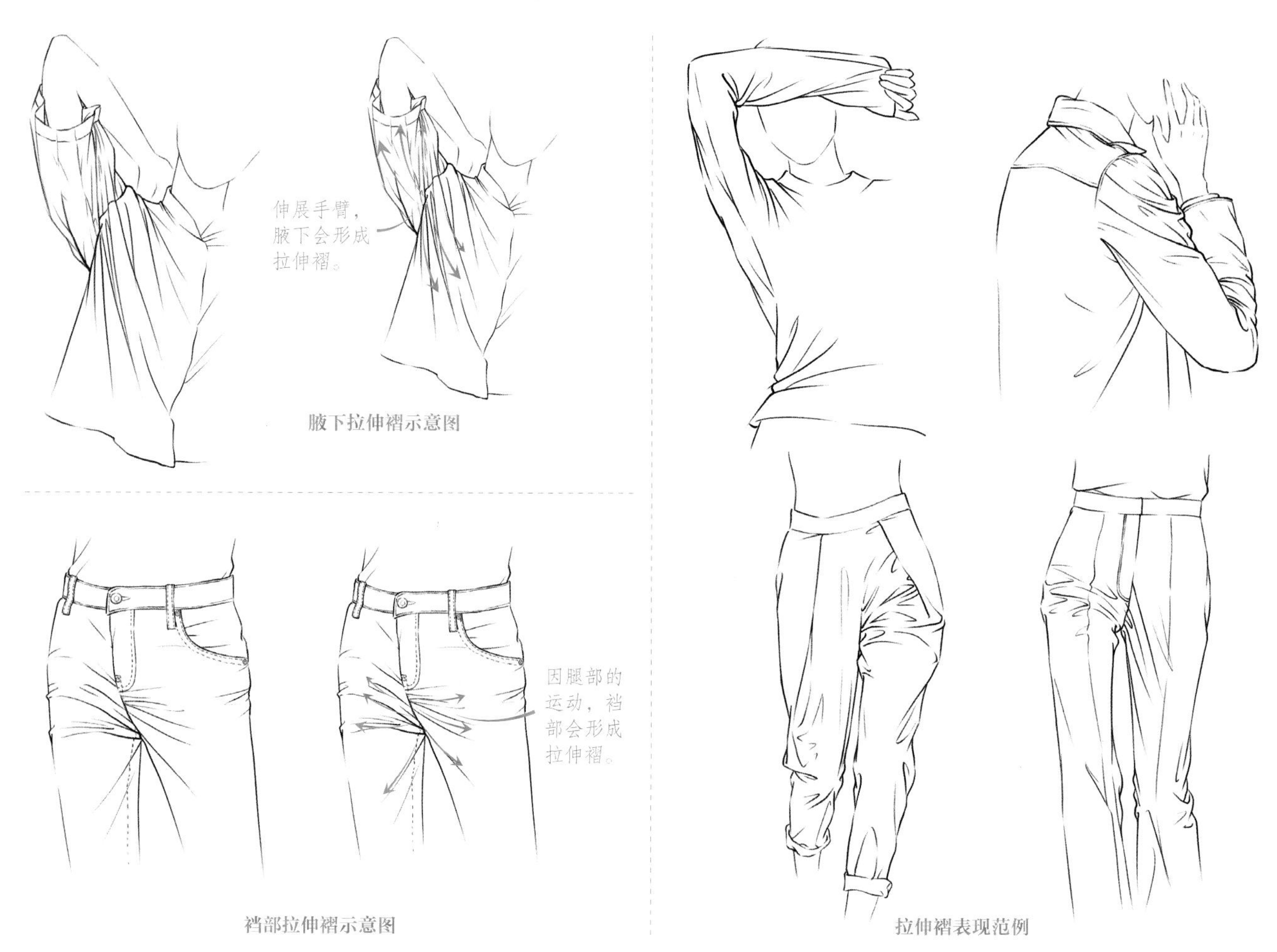

腋下拉伸褶示意图

裆部拉伸褶示意图

拉伸褶表现范例

·扭转褶

扭转褶通常出现在可以扭动的关节部位，最为明显的是腰部，上臂和脖子等处也会出现少量的扭转褶。通常扭转褶的褶皱都不如挤压褶或拉伸褶明显，但如果服装在腰部有较大的松量并且扭转明显，则会产生贯通的S形长褶。

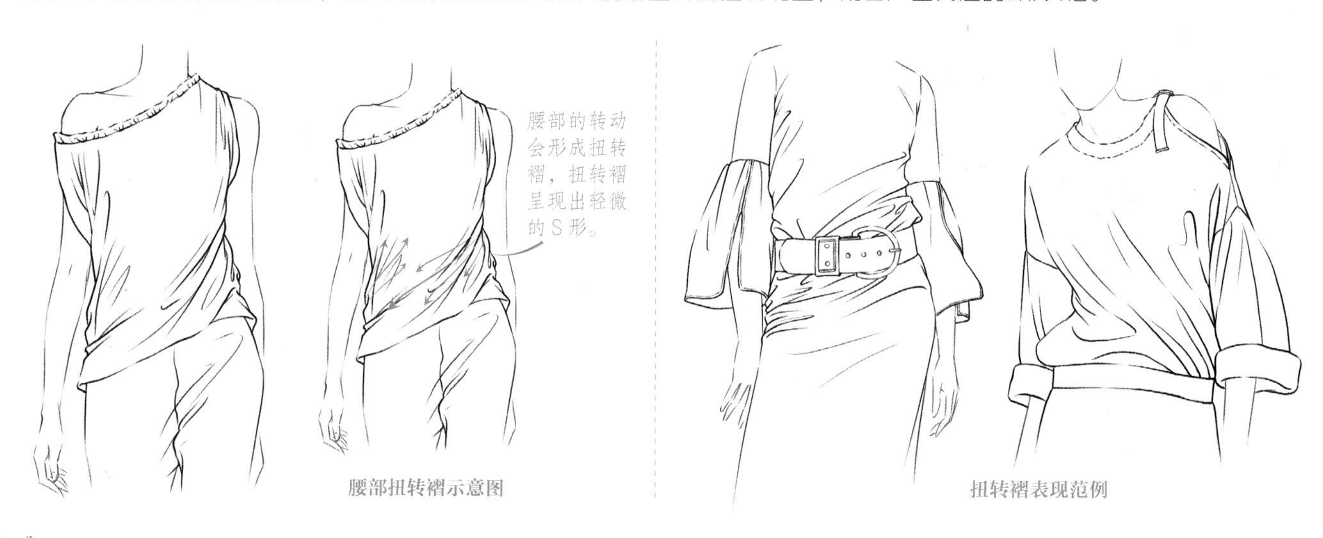

腰部扭转褶示意图

扭转褶表现范例

服装工艺形成的褶皱

用工艺手段制作的褶皱也可以分为两类，一类是通过褶皱来塑造服装的廓形，改变服装的结构，如羊腿袖、塔裙等；另一类是通过褶皱来改变面料的表面状态，形成富有装饰性的肌理效果，最具代表性的案例之一就是设计大师三宅一生的“一生之褶”。不管出于何种目的，褶皱都是设计师最常采用的设计手法之一。

· 缠裹褶

缠裹褶并没有绝对的方向性，根据布料缠裹的方式和走向来确定褶皱的走向即可。如果褶量足够大，会产生多条几乎平行的褶皱；如果褶量较小或十分紧贴身体，则会受到身体凸起的高点，如胸点或胯高点的影响，产生一定的发散形褶皱。

缠裹褶示意图

缠裹褶表现范例

· 悬荡褶

将布料松松地披挂在身体上就会产生悬荡褶。悬荡褶不像缠裹褶那样紧贴着身体，而是和身体间留有较大的空间。悬荡褶通常有两个或两个以上的固定点，形成U形或V形的褶皱形态。在绘制时，可以用流畅的长曲线来表现出褶皱的韵律。

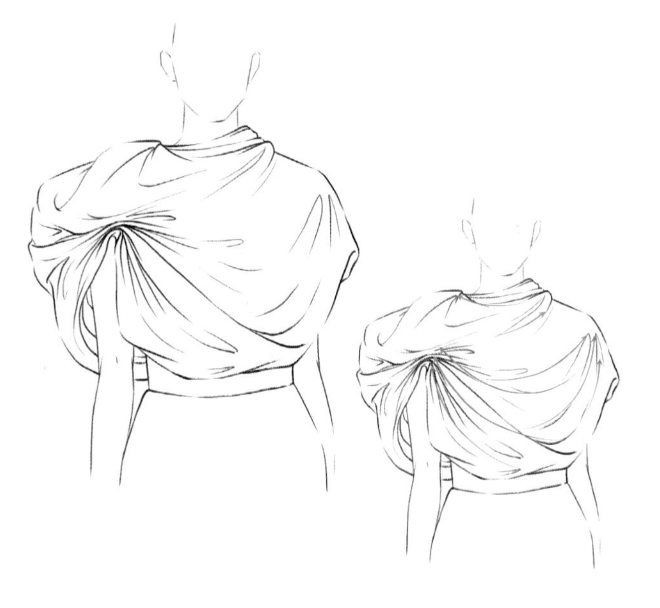

悬荡褶示意图

悬荡褶表现范例

·悬垂褶

悬垂褶是所有褶皱中最为自然的形态，如果人体处于稳定静立的状态，悬挂的布料受到重力影响，会呈现出纵向的长褶皱。服装越宽松，产生的褶量就越大，褶皱也越鲜明。此外，一些垂坠感很强的面料，如丝绸、雪纺或轻薄针织面料，在褶量很小或是系扎的情况下，也会因为其垂坠性产生纵向的悬垂褶。

悬垂褶示意图　　悬垂褶表现范例

·系扎褶与缩褶

将原本宽松的面料用腰带或绳带收拢，就会产生系扎褶，如果将这些褶皱固定起来，就是缩褶。缩褶的实现可以采用多种方式，如折叠、抽褶等，甚至在缝纫明线时，缝纫线的收缩力都会在面料上产生细碎的缩褶。系扎褶和缩褶都是不规则的放射褶，从固定处向上下两侧发散。如果褶皱过于细碎，在绘制时要注意取舍，把握住大方向，避免褶皱过于凌乱。

系扎褶示意图

系扎褶和缩褶表现范例

·堆积褶

如果面料过长就会形成堆积褶，袖口、裤口或下摆处是最常产生堆积褶的部位。堆积褶的形态和悬荡褶比较接近，但是褶量较小也没有明显的固定点，所以会形成半弧形或Z形的平行褶皱。如果服装过紧在关节处也会出现横向堆积褶，这是因为运动形成了面料的拉伸，在人体恢复到静止状态后，被拉伸的面料就形成缠裹着人体的堆积褶。

堆积褶示意图　　堆积褶表现范例

·褶裥与荷叶边

褶裥和荷叶边是服装上极为常用的塑型和装饰手段，这两种褶皱从原理上来讲属于缩褶，但是在外观上比缩褶更加鲜明，变化更为多样。褶裥通常是规律性的叠褶或压褶，可以有多种折叠方式。如果是通过热压定型的细密褶裥，可以将其当作面料的表面肌理去绘制。荷叶边在绘制时，则要注意其翻折变化和疏密穿插。

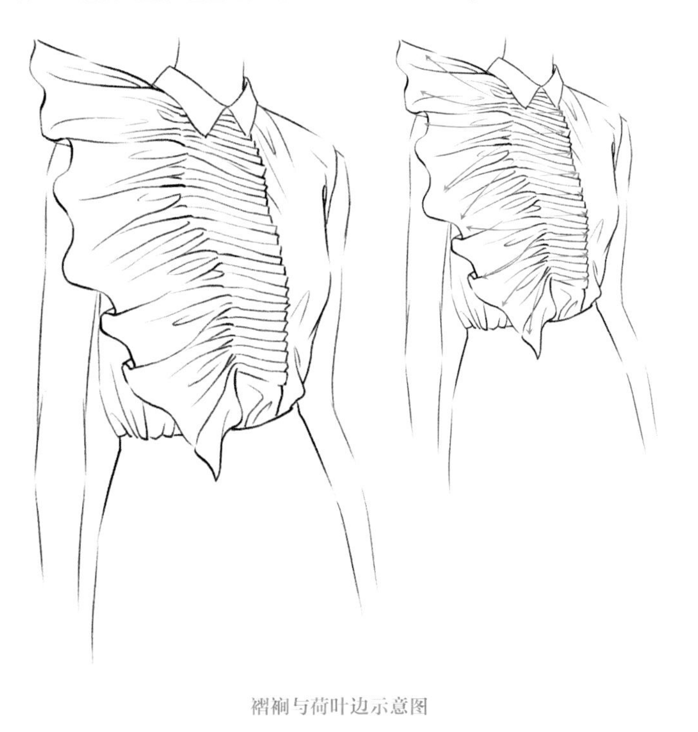

褶裥与荷叶边示意图

褶裥与荷叶边表现范例

Chapter 02

用彩铅表现各种面料质感

No. 2.1 用彩铅表现飘逸的薄纱

Introduction

彩铅细腻的笔触能够很好地表现出薄纱轻柔飘逸的质感。不同质地的纱料在形态上有所不同：网眼纱的挺括、蝉翼纱的韧性以及乔其纱的柔软，这些特性在用铅笔起稿时就要表现出来。不论是哪种质地的薄纱，都要细致地描绘纱料交叠的层次：深色的纱料交叠的层次越多，叠加部位的颜色就越深；浅色，尤其是白色的纱料，交叠的层次越多，颜色就越浅，在绘制的时候要注意留白。

2.1.1 薄纱表现步骤详解

案例表现的是黑色薄纱长裙，在表现时有两大要点。其一，通过对人体和底层服装的详细刻画来体现这种纱料较高的透明度，同时通过对裙摆的缎面饰边和印花的绘制，与薄纱的透明感形成对比。其二，纱料柔软的质感通过繁复的褶皱体现出来。在绘制时，既要将裙子的整体廓形和款式特点表现清楚，又要对褶皱的走向及疏密进行细致的整理，做到繁而不乱。

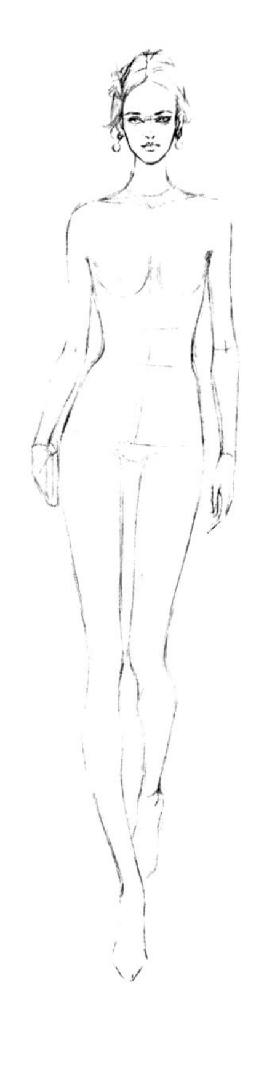

01 用铅笔起稿，绘制出模特的动态，通过肩、腰、臀的关系表现出走动时髋部摆动的感觉，注意保证人体重心稳定。

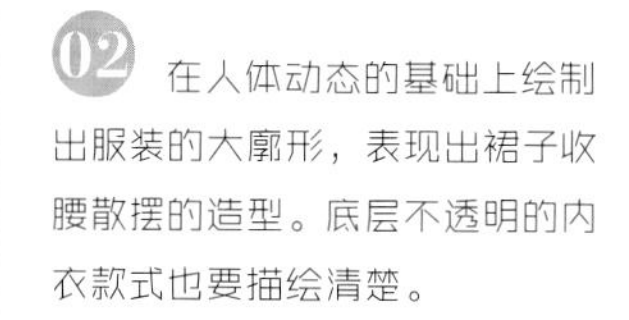

02 在人体动态的基础上绘制出服装的大廓形，表现出裙子收腰散摆的造型。底层不透明的内衣款式也要描绘清楚。

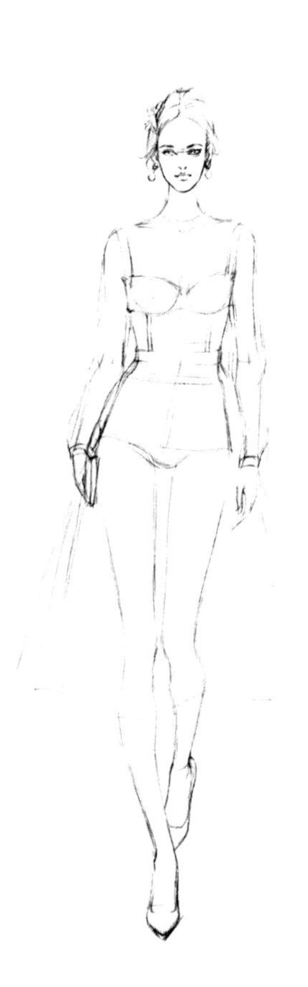

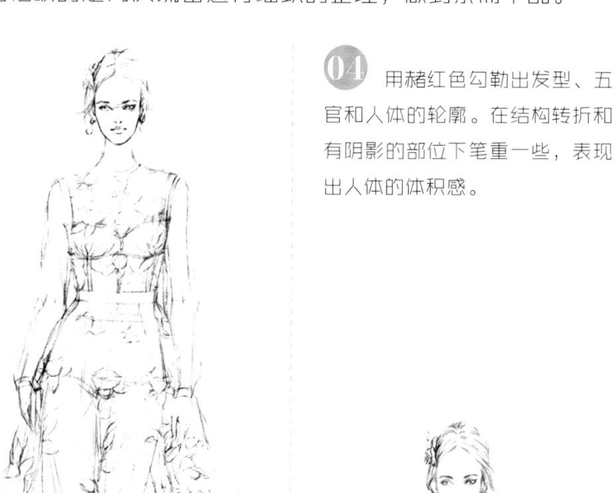

03 整理纱裙的褶皱和底摆的形状，注意底摆褶皱的翻折和交叠。褶皱从腰部散开，呈放射状。受右腿向前迈步的影响，褶皱的方向会有所变化。绘制出裙子上的花纹图案。

04 用赭红色勾勒出发型、五官和人体的轮廓。在结构转折和有阴影的部位下笔重一些，表现出人体的体积感。

05 彩铅属于透明性的画材，为了避免铅笔灰弄脏画面，需要用橡皮小心地将不必要的辅助线擦除。

06 用肉色绘制皮肤。在面部着重表现眉弓、鼻底和颧骨侧面等转折部位，身体和四肢则要表现出圆柱体的体积感。下巴处的投影和锁骨的形状也要绘制出来。

07 详细刻画面部五官。用赭红色加重眼窝，用洋红色绘制眼影，用黑色绘制眼线和睫毛，眼珠上要留出高光，表现出眼睛的神采。用大红色绘制嘴唇，嘴唇上也要留出高光。

08 用浅棕黄色绘制头发。沿着发丝的走向用笔，头顶高光部分需要留白。用赭红色绘制头发的暗部和阴影处，整理出头发的层次和发丝的细节。

09 用大红色绘制花朵图案。花芯较深，花瓣的边缘较浅，花瓣层层交叠，注意表现出花朵的层次感。

10 用墨绿色勾勒出花卉图案叶片的边缘、叶脉和花茎。裙摆上的花茎要长一点，有拉伸腿部的视觉效果。

11 用黑色绘制底层的内衣，绘制得“实”一些，再用较轻的笔触整理出薄纱的褶皱。层叠次数不同，褶皱的深浅也不同，后层的薄纱要隐约透出来。

12 绘制裙摆的缎面饰边，注意起伏和翻折。缎面有较强的光泽，因此在凸起处有明显的高光。绘制鞋子，为了表现皮革的光泽，鞋面转折处要留出清晰的高光。

13 用墨绿色、翠绿色和黄绿色渐变绘制出花卉图案的叶片和花茎，用橙红色绘制叶尖和叶片边缘。没有被薄纱遮挡的图案颜色艳丽，被薄纱遮挡的图案若隐若现，要将两者的层次拉开。

14 用橙色绘制发饰、耳饰和手包的固有色，用深褐色加重暗部。金属质感的配饰有强烈的光泽感，除了加深暗部外，还可以用高光笔点出高光。图案上的亮片也可以直接用高光笔点出光泽。

2.1.2 薄纱表现作品范例

用彩铅表现温软的针织

Introduction

针织面料因为采用线圈串套的结构，具有较大的弹性，所以针织类服装显得柔软、温暖。常见的针织面料分为两大类：剪裁针织和成型针织。剪裁针织常用于运动衫、T恤和内衣，纹理比较细密，在绘制时只要表现出贴合身体的状态即可，不需要刻意表现出肌理；成型针织常见于各式毛衫，尤其是粗棒针的毛衣，在绘制时要表现出花型和织线的纹理。

2.2.1 针织表现步骤详解

案例表现的是较为宽松的针织长衫，由较粗的织线编织而成，质地较为厚重但不失柔软，因此在绘制时要注意服装下人体的动态。服装两侧有明显的麻花辫花纹，这是一种非常经典的针织图案。和平面印花不同，针织肌理要通过明暗变化表现出织线的立体感。此外，对口袋的肌理以及领口、袖口和下摆罗纹的绘制，也能进一步体现出针织面料的质感。

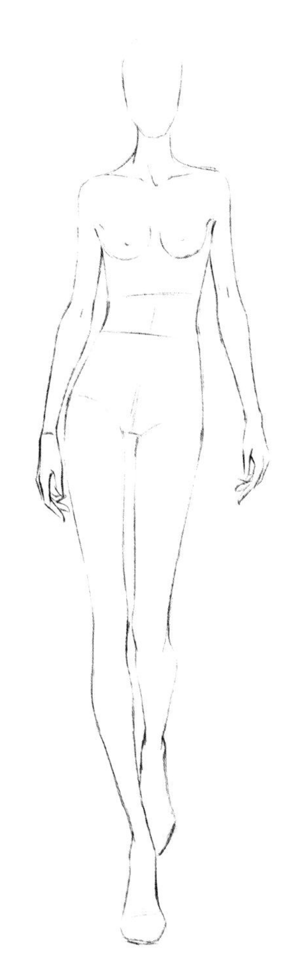

01 用铅笔绘制出模特的行走动态，人体的上半身基本直立，髋部随着行走的动态向左摆动，要注意人体的重心。

02 在人体动态的基础上绘制出模特的发型、衣服及鞋子的大致轮廓。服装较为宽松，要注意领子的造型和腰部的松量，表现出服装茧形的廓形。

03 擦掉铅笔草稿线，将主要的线条浅浅留出即可，否则会影响彩铅的着色。用土红色整体勾勒出模特的轮廓，并绘制出毛衣上的麻花辫花纹。

04 用肉色绘制皮肤。面部重点绘制眉弓、上下眼睑、鼻侧面、鼻底面以及颧骨下方，而脖子、手和腿部则需要表现出圆柱体的体积感。

05 用较深的颜色加重眼窝和鼻底面，进一步突出五官的立体感。同时加重头发在额头上的投影以及长毛衣在大腿上的投影，拉开空间层次。

07 用土黄色为模特的头发上色，亮部留白，要根据发丝的走向用笔，以表现出头发的层次感和柔顺感，发梢处笔触要收尖。

06 用深棕色为眉毛上色，涂色时用笔不要过重。用深绿色绘制眼珠，黑色绘制上下眼线及瞳孔，瞳孔亮部需要留出高光。用玫红色根据上下唇的唇线进行着色。

08 用棕褐色在头发的暗部叠色加深，线条要与土黄色的发丝自然地过渡，否则暗部会过于生硬。除了头发分缝线的凹陷处，耳后、颈后的暗部也要加重。

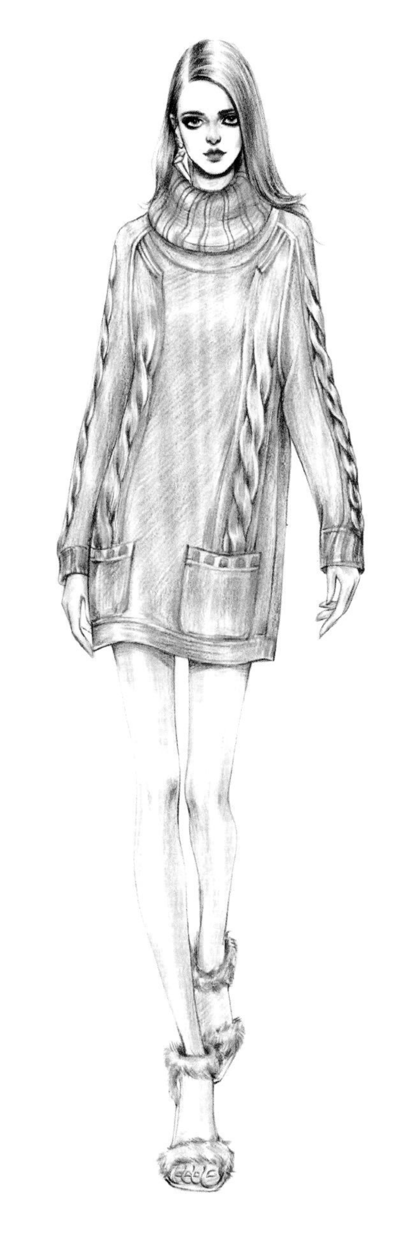

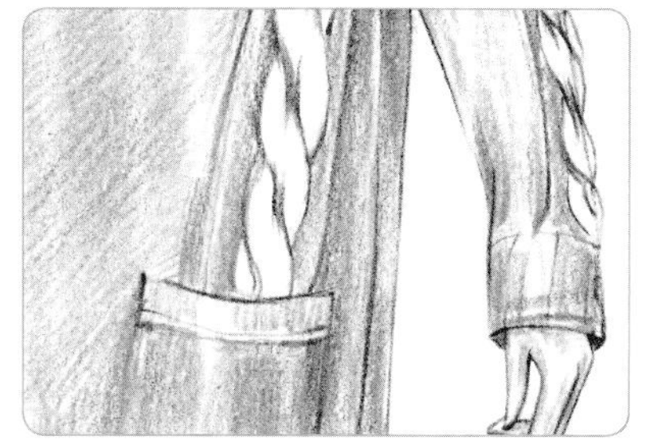

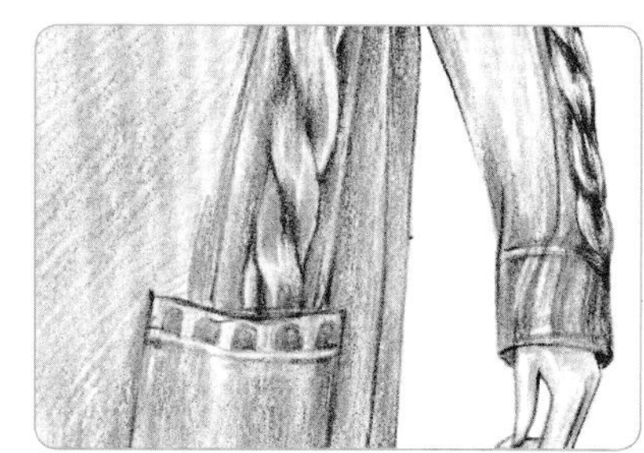

09 用浅粉色为针织衫进行大面积上色，可以使用铅笔侧锋使笔触的衔接更为自然。立领的转折处、胸部高处和口袋的亮面需要留白，鞋子上的绒毛也采用相同的颜色进行着色。

10 用同样的颜色加重服装两侧的暗部和胸下的阴影，麻花辫、口袋和下摆处罗纹口的阴影也要加重。

11 绘制出针织的肌理。麻花辫每一个辫结都要表现出立体感，交叉凹陷的地方阴影更为深重。领口的罗纹要根据领子的形态和褶皱起伏进行绘制。用同样的方法处理袖口和口袋折边处的纹理。

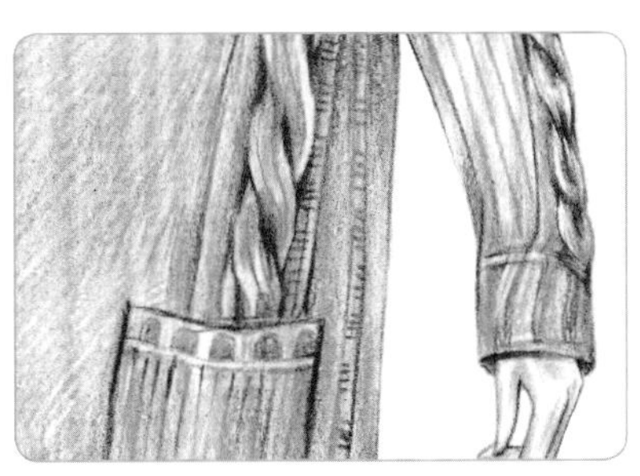

12 绘制口袋、袖子和下摆处针织纹理的走向，进一步绘制出接缝线处的细小纹理。

13 绘制出配饰等细节，对画面整体进行调整，完成绘制。

2.2.2 针织表现作品范例

用彩铅表现光滑的绸缎

Introduction

想要将绸缎面料表现得栩栩如生，就要抓住其两大特点：其一是绸缎光滑的质感，要通过较为强烈的明暗对比来表现绸缎的光泽，并协调好高光和反光的关系；其二是绸缎的柔软感和垂坠感，这需要通过大量的褶皱来表现。和薄纱细碎的褶皱不一样，丝绸的褶皱更加流畅，转折更加圆润，具有较强的方向性，因此在绘制时要注意梳理和取舍。

2.3.1 绸缎表现步骤详解

案例选择的是一款胸部有系扎缠裹设计的斜摆小礼服，优美的褶皱能够很好地体现绸缎的质感。款式较为紧身，要特别注意褶皱包裹着人体的状态，根据人体的结构起伏来确定褶皱的走向和疏密。明暗关系也要符合人体的结构转折，不能因为刻画褶皱细节使整体关系显得凌乱。金属和宝石饰物完美点缀，要表现出其坚硬的质感，与柔软的绸缎形成对比。

01 用铅笔起稿，绘制出基本的人体动态及服装整体廓形。在此基础上，绘制出具体的五官、配饰、服装的褶皱线及鞋子和手包的轮廓线。

02 擦淡铅笔草稿。根据动态及褶皱走向，用蓝色勾勒出服装的轮廓，用深棕色勾勒出头发、五官及配饰的轮廓，用肉色勾出皮肤的轮廓。

03 用肉色绘制皮肤。额头、肩头及大腿的受光处留白，加重眉弓、眼窝、鼻底、双颊、下巴等处的阴影，表现出五官的立体感。身体部分则要表现出圆柱体的立体感，服装和身体交界处有较深的投影。

04 用深棕色为眉毛上色，眉尾处颜色较浅，并为眼珠涂出过渡色。用黑色加重眼线及瞳孔。用大红色根据唇部的转折变化进行上色，强调唇中缝的投影。

05 用棕灰色为头发着色，由于头发较为顺直，因此光泽感很强，亮部面积较大，尤其注意头顶的留白。发际线、耳后和脖子后侧的头发颜色较重。

06 用深灰色加重头发的暗部，细节刻画一缕缕发丝的走向，表现出头发的厚度及层次感。

07 用浅蓝色为裙子大面积铺色，先注重整体的体积关系，胸部和紧贴大腿的地方要留白，加重身体两侧和裙摆内侧，再绘制出裙摆大褶浪的起伏。

08 用宝石蓝刻画裙子抹胸处的褶皱关系，蝴蝶结处的褶皱呈现出明显的放射状，要注意褶皱的前后关系和细节的形态变化。蝴蝶结和饰品的边缘及翻折处需要进一步叠色加深，以表现出对服装的投影，拉开前后层次。

09 用宝石蓝为右侧裙摆着色，褶皱受向前迈步的大腿的影响，有明显的方向性。包裹着大腿的裙摆要表现出圆柱体的体积感，以展现覆盖在服装下的人体结构。加重左侧大褶浪的投影和裙摆内侧的投影，进一步强调立体感。右侧的裙摆可以适当简化。

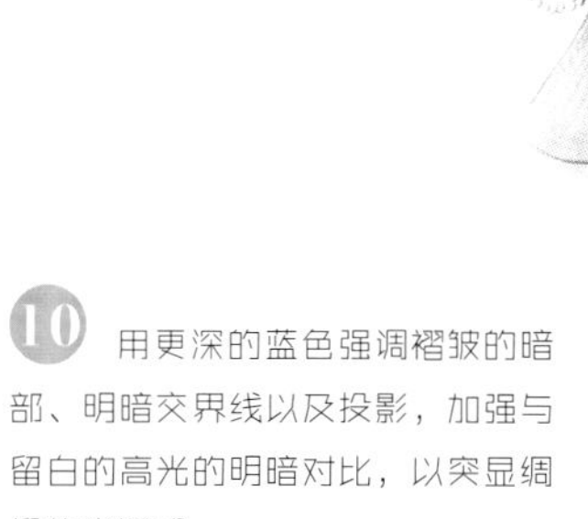

10 用更深的蓝色强调褶皱的暗部、明暗交界线以及投影，加强与留白的高光的明暗对比，以突显绸缎的光泽感。

11 用同样的方法加深下半身的裙摆，下半身裙摆的褶皱没有上半身立体，因此明暗对比相对柔和一些，但是裙摆侧面的褶浪、裙摆边缘的投影和裙摆内侧要大面积加深。

12 用和裙子同样的颜色绘制出鞋子，皮革的光泽感比绸缎更强烈，因此高光的形状更加明显。

13 用浅棕色及土黄色相叠加，为饰品及手包的链条上色，金属的质地坚硬，光泽感也很强，因此要留出形状鲜明的高光。

14 用深蓝色绘制出配饰上镶嵌的蓝色小钻，注意留白，以体现钻石的光泽。用深褐色加重配饰的边缘轮廓，表现出细窄的投影面。

15 用深蓝色为手包着色，因为受到裙摆投影的影响，亮部面积较窄，可少量留白，暗部及靠近裙摆的部分需要用黑色加深。最后用土黄色和棕色绘制凉鞋上的配饰。

2.3.2 绸缎表现作品范例

No. 2.4 用彩铅表现质朴的牛仔

Introduction

牛仔布最大的特点是厚实耐磨，而且大多数牛仔布表面都有较为清晰的斜向纹理。牛仔服最早是淘金工人穿着的服装，因此在接缝处会有明显加固的痕迹。在绘制时，接缝处加固的明线以及由加固引起的细碎褶皱都需要进行充分刻画，以强调牛仔服装的特征。

2.4.1 牛仔表现步骤详解

通常牛仔服装的造型较为挺括、硬朗，但案例却选择了一款充满少女甜美风格的外套，几个蝴蝶结是本款服装的亮点，可以通过大量的褶皱来表现蝴蝶结的体积感。与之相对，衣身就较为利落，可以将表现重点放在接缝线上。此外，模特卷曲的头发也是表现的难点，在绘制时要区分好层次，使整幅画面细节丰富但不琐碎。

01 绘制线稿，通过铅笔线稿体现出对象的质感：用纤细但卷曲的线条表现头发，用流畅的长曲线表现腿的形态，用转折肯定、有力度的线条表现牛仔服装。

02 用橡皮将面部和腿部的铅笔线轻轻擦除，只留下浅浅的痕迹能辨认即可，再用浅棕色彩铅勾勒出面部及腿部的轮廓，保证画面清爽干净。

03 用肉色为模特的脸部、脖颈以及腿部轻轻铺颜色。可根据人物面部结构进行着色，使鼻子、嘴巴等的立体感稍稍突出，腿部需要表现出圆柱感。

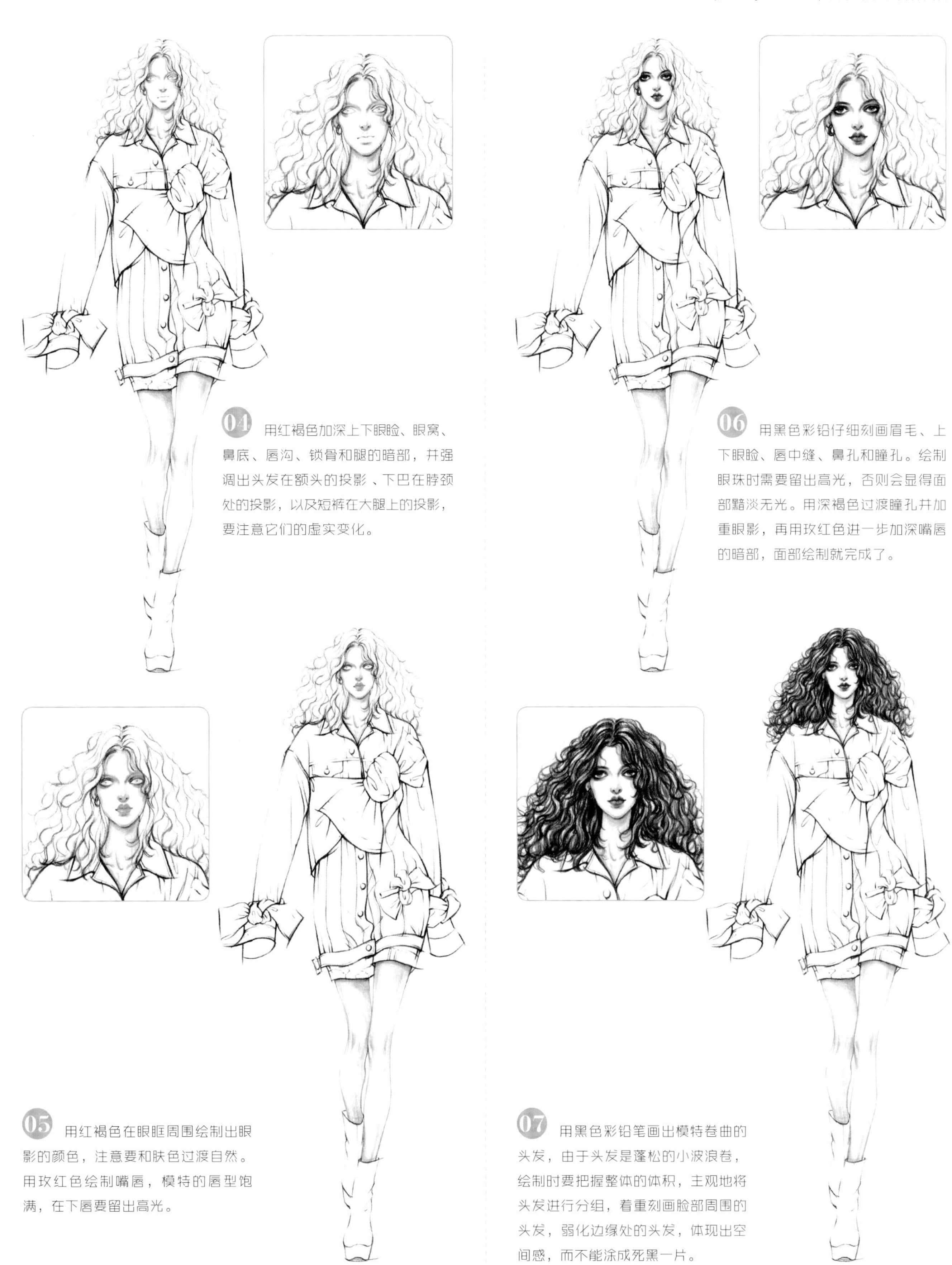

04 用红褐色加深上下眼睑、眼窝、鼻底、唇沟、锁骨和腿的暗部，并强调出头发在额头的投影、下巴在脖颈处的投影，以及短裤在大腿上的投影，要注意它们的虚实变化。

05 用红褐色在眼眶周围绘制出眼影的颜色，注意要和肤色过渡自然。用玫红色绘制嘴唇，模特的唇型饱满，在下唇要留出高光。

06 用黑色彩铅仔细刻画眉毛、上下眼睑、唇中缝、鼻孔和瞳孔。绘制眼珠时需要留出高光，否则会显得面部黯淡无光。用深褐色过渡瞳孔并加重眼影，再用玫红色进一步加深嘴唇的暗部，面部绘制就完成了。

07 用黑色彩铅笔画出模特卷曲的头发，由于头发是蓬松的小波浪卷，绘制时要把握整体的体积，主观地将头发进行分组，着重刻画脸部周围的头发，弱化边缘处的头发，体现出空间感，而不能涂成死黑一片。

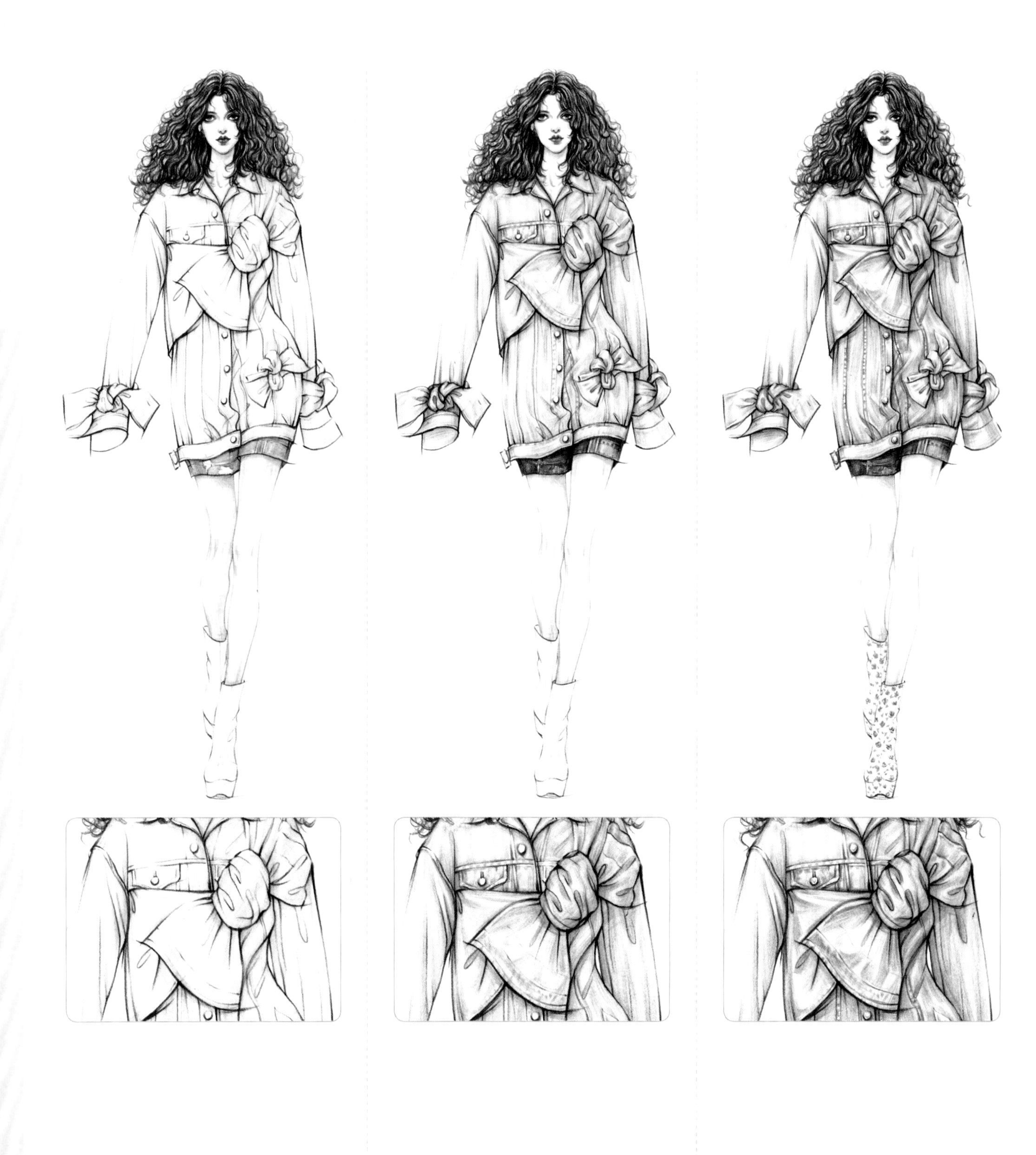

08 用浅蓝色为服装整体着色。服装是较为宽松的茧形廓形，在着色时注意衣身和袖子圆柱体的明暗关系。蝴蝶结的体积更为明显，要注意系结处球体的体积和褶皱的走向。短裤先绘制底色，图案预留出来。用中黄色绘制出短靴的底色。

09 选择较深的蓝色，在上步的基础上加重服装和褶皱的暗部，尤其是加重蝴蝶结系扎处的阴影以及蝴蝶结在衣身上的投影。大致标记出缉明线所形成的碎褶。用普蓝色绘制短裤的暗部，尤其加重上衣下摆的边缘，绘制出短裤上的图案和明线。

10 用群青色加深牛仔上衣的褶皱暗部，使上衣更具立体感。重点刻画接缝处的碎褶，它们从固定线发散出来，虽然小但是要有疏密和形态上的变化。用红色在鞋子上绘制出若隐若现的玫瑰小碎花，注意体现出花瓣层叠的感觉。用绿色简单地绘制出叶片。

11 用深灰色再次叠加褶皱的暗部和投影，进一步强调服装尤其是蝴蝶结的体积感。用高光笔在靠近面部的头发区域绘制出几根有高光的发丝，使头发更有层次感。点出瞳孔、下嘴唇和耳环上的高光，表现出闪耀的光泽感。再适当提亮服装上碎褶和接缝线的亮面，使细节更加丰富。

2.4.2 牛仔表现作品范例

FADER

用彩铅表现绚丽的印花

Introduction

随着面料加工技术的进步，尤其是数码印花技术的普及，印花面料的丰富程度和精细程度都有了大幅提升，具有极强装饰性的印花面料成为设计师最常采用的设计手段之一。如果是定位印花，印花图案和服装的结构、款式结合紧密，图案的位置和比例都要非常考究；而如果是循环印花，尤其是满地花，则可以表现得自由生动一些，但是要注意图案和褶皱起伏的关系。

2.5.1 印花表现步骤详解

通常，如果印花图案比较复杂，那服装的款式最好平整而简洁，这样能对印花图案进行充分展示。案例所选择的是带有复古风格的印花马甲和牛仔裤，质地都比较厚实，没有过多的褶皱，能够较为完整地展示印花图案。案例的印花图案是多种花卉的组合，在绘制时首先通过对整体明暗关系的把握，表现出图案附着在服装上的状态；其次要处理好图案的主次关系，使图案显得繁而不乱。

01 用铅笔起稿，绘制出模特的动态，通过肩、腰、臀的关系表现出走动时髋部摆动的感觉，并在此基础上细致地描绘出服装的款式及配饰的造型。

02 将铅笔线用橡皮减淡，用熟褐色简略表现出头发的分组，用赭红色勾勒出五官、手臂、上衣及鞋子的轮廓，用黑色整理裤子及所有饰物的轮廓。

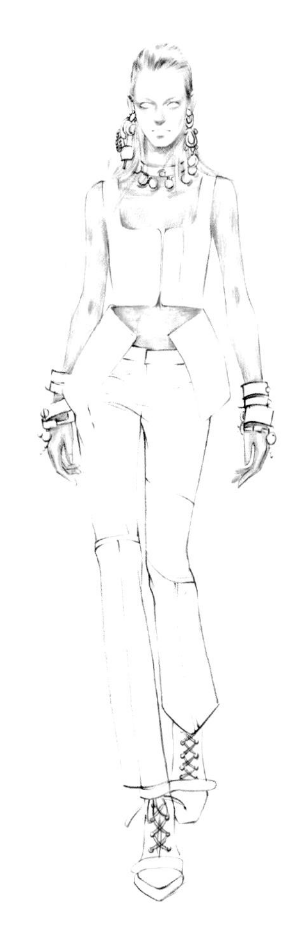

03 用肉色绘制皮肤，从面部和身体的凹陷处及阴影部分开始绘制，逐渐向亮部过渡，额头、鼻梁、肩头和前胸等处留白，服装和配饰对人体的投影要强调出来。

04 用熟褐色为头发、眉毛及眼珠上色，用深红色描绘上下眼睑和双眼皮。用黑色加重上眼线并描绘瞳孔。用玫红色绘制嘴唇，上唇较薄而下唇丰满。饰品要表现出金属和宝石的质感，可以通过强调明暗交界线和高光来实现。

05 用肉色为上衣着色，根据服装的结构和外形来排线，表现出衣身圆柱体的体积感，再通过适当留白来表现前胸的立体感。上衣边缘卷边的厚度也要细致地描绘出来。

06 上衣的花型繁复，要注意不同花型之间的叠压关系和前后层次，将点缀的小碎花和纤细的枝叶同主要花型区分开。可以使用高光笔或白墨水对花型进行修饰。

07 绘制牛仔裤上的印花图案。牛仔裤具有拼接设计，因此花卉图案在接缝处会被截断。牛仔裤上的花型可以绘制得简略一些，和上衣的花型拉开层次。

08 用蓝绿色绘制牛仔裤的底色，强调接缝处的厚度。细心地留出印花图案，大腿上方的受光面和褶皱凸起处留白，上衣的边缘和裆部加深。笔触粗一些，以表现牛仔粗糙的表面。

09 用黑色绘制手环，通过强烈的明暗变化来表现手环的金属质感。用朱红色绘制鞋子，鞋上的铆钉和印花也要表现出来，但不要过分抢眼。调整细节，完成画面的绘制。

2.5.2 印花表现作品范例

RICETTASPECIAE
PIZZA
RICETTASPECIAE
PIZZA

用彩铅表现柔韧的皮革

Introduction

皮革是经过鞣制加工而形成的面料，不同的皮革形态差异较大，如表面粗糙带有细微绒面的麂皮，经过涂层加工的闪亮漆皮，以及有鲜明纹理的蛇皮和鳄鱼皮等，在绘制时需要采用不同的技法表现出其特征。而最常见的牛羊皮革制品，不论厚薄，通常质地密实柔韧，具有一定的光泽感。在绘制皮革的时候，要注意将其与绸缎区分开，表现出皮革所具有的厚重感。

2.6.1 皮革表现步骤详解

案例选择的是较为轻薄的羊皮服装，质地较为柔软，可以通过对褶皱的刻画来表现面料的质感。与丝绸不同，再轻薄的皮革也会具有一定的挺括感和厚重感，因此皮革所产生的褶皱往往比丝绸更深更鲜明，并且不会过于细碎。由于皮革的柔韧性，其形成的褶皱大多是环形褶，尤其是在手肘等处，褶皱环形的形状非常明显。此外，可以和绸缎一样，通过对高光和反光的表现来体现皮革的光泽感。

01 用铅笔起稿，绘制出模特的动态，并在此基础上绘制出五官、发型、服装和饰品的轮廓。外套前襟打开并向外翻折，尤其要注意服装和人体的结合。

02 仔细擦除不需要的草稿线，用熟褐色勾勒出头发的走向，用红棕色勾勒出面部五官和露在服装外皮肤的轮廓。

03 用肉色绘制皮肤。从眉弓下方、眼眶、鼻底以及下巴等较深的部位开使绘制，逐渐向亮面过渡。手部和腿部则要根据人体结构来绘制，要注意袖口和裤子下摆在皮肤上的投影。

04 进一步加深皮肤的暗部，从而使明暗变化更加丰富，增强立体感。

05 用深棕色画出眉毛和眼珠，用黑色加重上下眼线和瞳孔，眼尾处拉长绘制出向上挑起的眼妆。嘴唇用红色根据唇形变化上色，下唇留出高光。

06 用棕褐色根据头发的走向画出发丝，头顶的亮部需要留白，以体现头部的体积感。整理出头发的层次，表现其柔顺光滑的感觉。

07 用黑色加重头发的暗部，整理头发的层次，耳及脖子后的阴影处的黑色尤其浓重。深色的发丝要与上一步画出的发丝形成自然的过渡。适当增加一些飞散的发丝，使画面更加生动。

08 用冷灰色为皮衣着色。皮革表面具有较强的光泽感，因此高光区域和投影的形状都比较肯定。上衣褶皱较多，在画的时候要有意识地进行取舍，分清褶皱的主次，避免因为追求光影变化而导致整体关系显得凌乱。

09 加重暗部，刻画褶皱的明暗交界线。虽然皮革的光泽感很强，明暗变化较为鲜明，但亮面、暗面及投影之间仍然有中间色过渡。在表现褶皱时不要忽略整体明暗关系。

10 用同样的方法处理上衣的右侧，注意翻折的门襟对衣身和袖子的遮挡。

11 加深右侧外套的暗部，进一步突显出服装的立体感，由于模特身体略微侧转，右侧服装离得较远，可以处理得简略一些。

12 完成短裤的绘制，短裤处于辅助衬托的地位，也可以简略处理，明暗对比不需太过强烈。

13 用黑色绘制手包，仔细绘制出菱形的格纹和其交汇处的钉珠，前侧受光处的格纹较浅，后侧受到身体和手臂投影影响的格纹较深，这些细节能够体现出画面的空间感。包带的颜色较深，前面的包带上要留出高光。

14 绘制耳环、项链等配饰和鞋子，配饰虽小，但仍然要表现出附着在人体上的体积感。整理细节，完成绘制。

2.6.2 皮革表现作品范例

用彩铅表现蓬松的皮草

与皮革一样，皮草也拥有极为多变的外观形态。在绘制皮草时，既要表现出皮草蓬松自然的状态，又要遵循一定的方向和规律，不能杂乱无章。笔触的排列非常重要，或长或短，或顺直或卷曲，或层叠或缠绕，要根据不同皮草的形态来选择用笔的方式。同时，皮草或蓬松或厚重，具有非常强烈的体积感，要注意随之产生的明暗关系。

2.7.1 皮草表现步骤详解

案例选择的是豹纹短毛皮草，看上去复杂，但其实整体感很强，可以先像普通服装一样处理好明暗关系，然后再细节描绘服装的边缘，用参差不齐的短线表现出皮草的绒毛感。皮草比较厚重，所以褶皱少且长，只要绘制出最主要的几条褶皱即可。豹纹的绘制要注意疏密的分布，要均匀但又不失变化，同时还要注意因为服装体积转折而产生的深浅和虚实变化。

01 用铅笔起稿，把握好模特的比例和动态，再根据人体结构及动态走向绘制出上衣、长裤及拖鞋。外套和裤子都是较为宽松的款式，要控制好服装和人体的空间关系。

02 用橡皮将铅笔稿轻轻擦淡，并小心擦除不需要的辅助线，再用浅棕色勾勒人物及服装的边缘，线条要有深浅变化，表现出一定的明暗关系。

03 用肉色绘制皮肤，重点绘制眉弓下方、上下眼睑、鼻梁底面，表现出五官的立体感。同时，头发在额头上的投影，面部在脖子上的投影，以及袖口和裤口在手与小腿上的投影也要加强。用红棕色绘制出眼影，并进一步突显眼球的体积感。

04 用熟褐色加重眼窝、鼻底和唇下的投影，深红色加重眼睑上的眼影，再用黑色轻扫出眉毛，勾勒出上下眼线。用红棕色绘制眼珠，黑色绘制瞳孔，并且瞳孔留出高光。用朱红色绘制嘴唇，嘴角和唇中缝用黑色进行强调，下嘴唇留出高光。

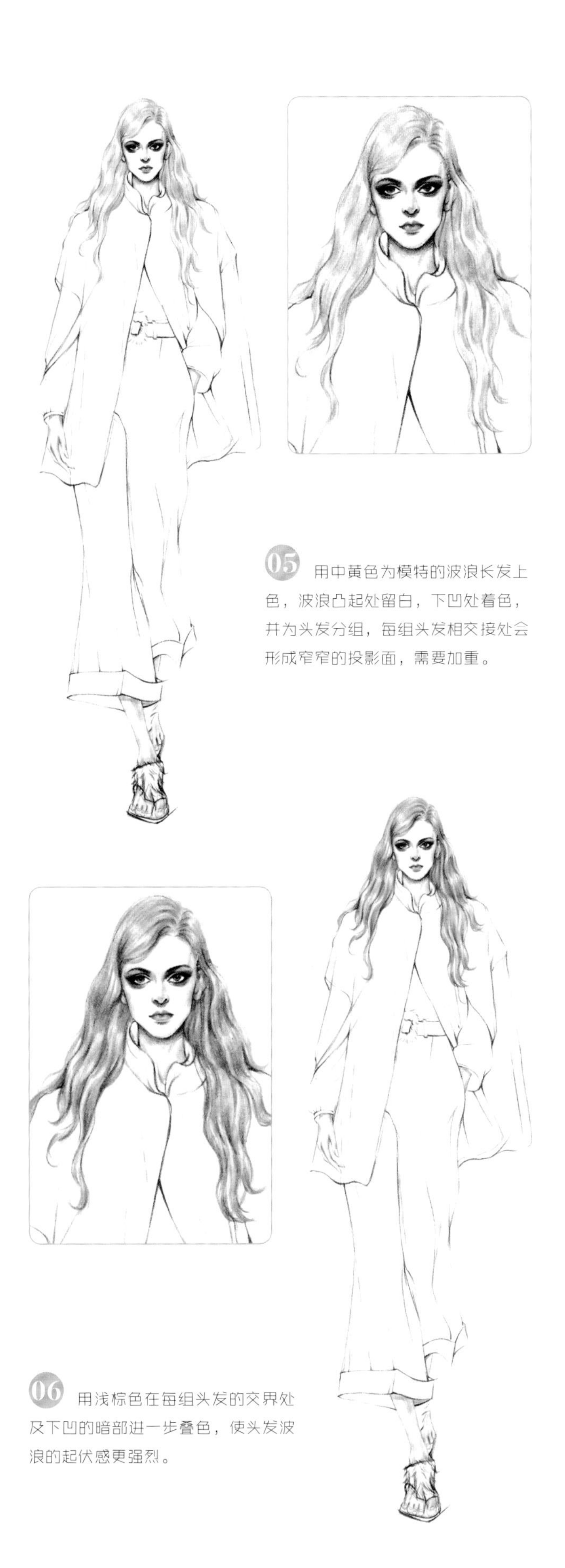

05 用中黄色为模特的波浪长发上色，波浪凸起处留白，下凹处着色，并为头发分组，每组头发相交接处会形成窄窄的投影面，需要加重。

06 用浅棕色在每组头发的交界处及下凹的暗部进一步叠色，使头发波浪的起伏感更强烈。

07 用红褐色进一步加深每组头发的交界处及暗部，使头发的层次感及厚重感更加明显。

08 用浅黄色为上衣着色，笔触可以竖向排线，以表现皮草的方向性。要注意服装整体的体积，高光处需要留白。袖子与上衣的夹角处受衣身投影的影响需要加深。

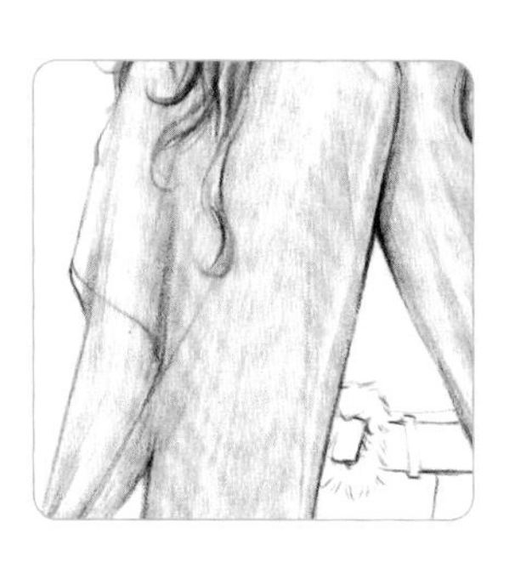

09 用赭石色叠加上衣的暗部，尤其注意头发和手臂对服装的投影，门襟交叠部分的投影也要加重，叠色时笔触排线要有一定的方向性，以表现出褶皱的走向。用黑色彩铅画出拖鞋上的卷曲绒毛，最凸起处要留白，注意要表现出毛发的体积感。

11 用熟褐色绘制皮带。皮革部分要表现出清晰的明暗对比。带扣周围的长毛皮草呈现出放射状的外形，注意毛丝的交叠和穿插关系。

10 先用赭石色在外套上绘制出主要豹纹的中心部分，再用熟褐绘制豹纹斑点的外围图案，形状不规则，但分布要适当均匀。豹纹整体的深浅要根据衣褶的凹凸而变化。由于外套是绒毛质地，需要在外套边缘仔细整理出微翘的绒毛。

12 用铅笔轻轻地勾勒出连体裤上花朵图案的轮廓，露出的两个袖子上也要绘制出同样的花朵图案，注意线条的轻重变化。

13 用红色、玫红色、黄色，以渐变的形式为花朵上色，要仔细描绘花瓣的形状，并注意图案根据人体结构转折及褶皱起伏而有所变化。

14 用草绿色及黄色为叶片及花枝上色，进一步衬托出花朵的形状。

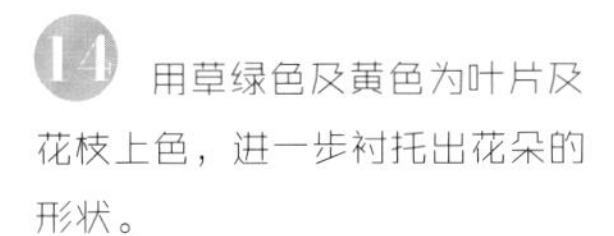

15 加重上衣对裤子的投影、两腿间的投影，以及翻折的裤边和裤口内侧的投影。进一步完善鞋子的绘制，调整画面关系，完成绘制。

2.7.2 皮草表现作品范例

GOOD GIRLS
GO TO HEAVEN
BAD

No. 2.8 用彩铅表现规律的格纹

Introduction

格纹最早产生于苏格兰，用来划分贵族等级，便于辨认敌我。随着时间的流逝，时代的进步，服装上的格纹样式不再单一，产生了各种各样的变化，并一直在时尚舞台上占有一席之地。在绘制格纹时，除了注意色彩的搭配和格纹宽窄疏密的变化外，还要注意格纹因为其规律性，受到服装纱向、人体结构转折和褶皱起伏的影响非常鲜明，格纹要根据具体情况而变化，这样才能生动自然。

2.8.1 格纹表现步骤详解

案例选择的是经典的黑白灰棋盘格A形外套，采用较为厚重的呢料，外形挺括，没有细碎的褶皱，非常适合格纹的表现。黑白灰三色格子的排列非常规律，同方向、同色格子的宽窄、粗细和间距要基本相等，不要有太过明显的差别，尤其是用斜条纹绘制的灰色格子，更要注意边缘的整齐。此外，服装的体积感较强，格纹的明暗关系要符合服装整体的明暗变化。

01 用铅笔起稿，绘制出人体动态和服装的轮廓。模特向右摆胯的动态鲜明，注意宽松服装下的人体结构。发饰较为复杂，整理好层次。从立方体的透视入手表现包的体积。

02 用较为肯定的线条细化上衣外套的搭扣、口袋、手提包及高跟鞋。用橡皮擦淡铅笔稿后，用红褐色加重五官、头发、双腿的外轮廓，描绘出膝盖等细节。

03 将多余的参考线擦干净，只留下准确的轮廓线，以免上色时由于线条太杂而导致画面脏乱。

04 用肉色绘制皮肤，颜色的深浅过渡要自然，并重点强调眉弓下方、鼻底面、颧骨下方、下巴底端和膝盖凹陷处，以增强立体感。用宝蓝色绘制眼珠，用黑色绘制眉毛、上下眼睑及瞳孔，并且瞳孔留出高光。用大红色绘制嘴唇，上唇颜色稍重，用黑色加重嘴角和唇中缝。

05 细致刻画模特的头发，在刻画时要注意区别出额前飞扬的刘海和披散的长发的空间距离。披散的头发中间部分颜色较浅，上下分别受到刘海和肩膀投影的影响，颜色较深。前额的刘海要描绘出发丝细节并区分出层次，发饰边缘处的头发需要加深。

06 用黑色及土黄色为发饰上色。笔触线条的走向要根据发带的外形进行排线，凸起处留白，下凹处颜色深重。用浅灰色和土黄色叠色画出发带翻折处的投影，以体现缎带的立体感。

07 用土黄色为衣领上色，注意领面翻折所形成的褶皱和投影变化。用黑色绘制出外套格纹的框架轮廓：格纹要符合服装各部件的纱向，衣身的格纹要和前中线平行，而袖子的格纹要和袖中线平行。同时注意褶皱对其产生的影响。

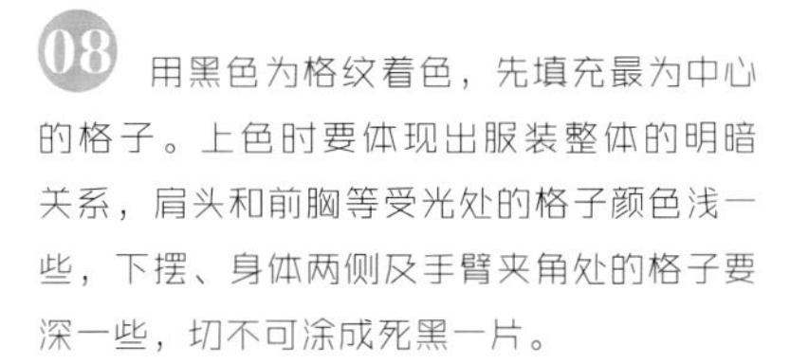

08 用黑色为格纹着色，先填充最为中心的格子。上色时要体现出服装整体的明暗关系，肩头和前胸等受光处的格子颜色浅一些，下摆、身体两侧及手臂夹角处的格子要深一些，切不可涂成死黑一片。

09 用斜向的条纹绘制黑色格子四周其他的格子，注意因为透视和褶皱起伏而产生的变形。绘制这一层格子时也要注意服装整体的明暗变化。

10 用橙黄色绘制衣身上的方形搭扣，用浅赭色为口袋搭扣上色。为了表现搭扣的金属质感，要强调出清晰的高光区域。

11 用土黄色和橙黄色绘制手包，暗部用熟褐加深。沿着包的转折面排线，表现出立方体的体积感。细致刻画出包上的环扣、纹理和脚垫。

12 绘制鞋子，要将毛球的体积感和镶嵌宝石的闪耀感表现出来。再强调一下发饰的暗部和上衣搭扣在衣身上的投影，最后用高光笔点缀出发饰、瞳孔、下唇及手包搭扣上的高光，完成绘制。

2.8.2 格纹表现作品范例

No. 2.9

用彩铅表现精致的蕾丝

Introduction

传统的蕾丝是用钩针进行手工编织的一种装饰性面料，具有网眼镂空的纹理。蕾丝的花型非常丰富，有四方连续的重复花型，也有结构繁复的独立图案，在服装设计中大面积的使用或小面积的装饰都非常适合。在绘制蕾丝时，除了要耐心描绘花型的细节，还要注意区分主要花型和次要花型，做到主次有别。和平面印花相比，蕾丝具有一定的厚度，可以通过对投影面的描绘来增强立体感。

2.9.1 蕾丝表现步骤详解

除了传统的手织蕾丝外，很多技术工艺也被应用于制作蕾丝效果或蕾丝图案。案例选择的是使用激光切割工艺制作的镂空蕾丝连衣裙。与普通蕾丝相比，这种镂空的蕾丝体积感更强，需要通过对面料下皮肤的表现和阴影的刻画来体现镂空的效果。连衣裙的底色是白色，所以不能绘制太多的阴影调子，需要大量留白来表现白色的固有色。在表现蕾丝花型时，笔触要精准而肯定。

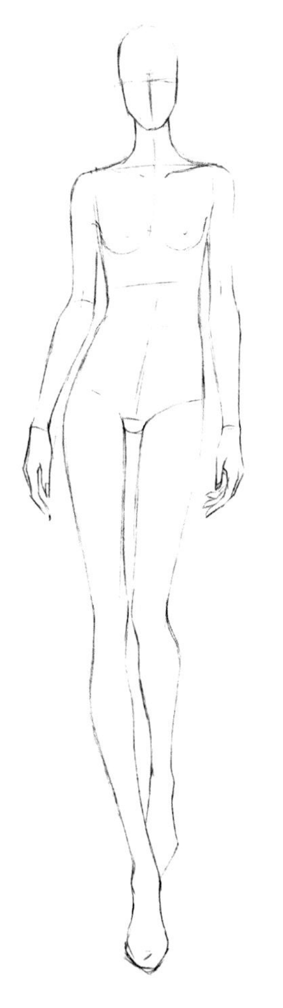

01 用铅笔起稿，可以先用大的体块概括人体的动态，找准胸廓和胯部的关系，模特向右摆胯，重心落在右脚上。

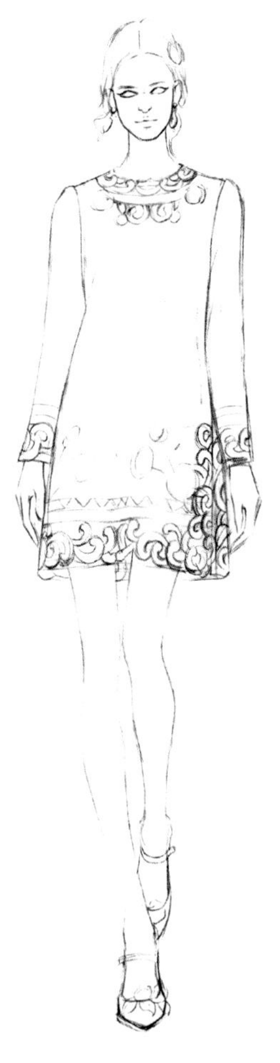

02 在人体动态的基础上绘制出头部细节和服装的大廓形，表现出直身连衣裙包裹着人体的状态，再进一步绘制出领口、袖口和下摆的蕾丝花型。

03 用橡皮轻轻擦淡铅笔线条，用深褐色勾勒出五官、发型、手脚和饰品的轮廓线，用土红色绘制出裙子及蕾丝花型的细节，用黑色勾勒出鞋子的轮廓。

04 用肉色绘制皮肤，注意表现出五官的立体感，用赭石色绘制眼珠，用水红色过渡出眼影，用黑色描绘出瞳孔和眼线，用玫粉色绘制嘴唇，瞳孔和下唇留出高光。头发用土黄色铺色，再用赭石色叠加头发的暗部，区分出头发的层次感。

05 继续绘制皮肤，脖子和腿部要表现出圆柱体的体积感。下巴在脖子上的投影、袖口在手上的投影，以及下摆在大腿上的投影需要进一步加重。向后抬起的小腿可以整体铺色，和前迈的右腿拉开空间感。

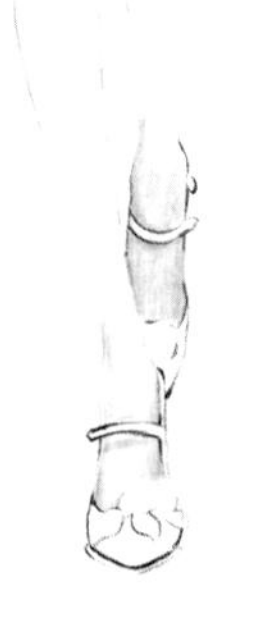

06 连衣裙上领口、袖口、底边的花边为镂空的蕾丝，从镂空的地方可以看到若隐若现的皮肤。在镂空处涂出肤色和连衣裙内侧的颜色，要有深浅变化，不可涂死。

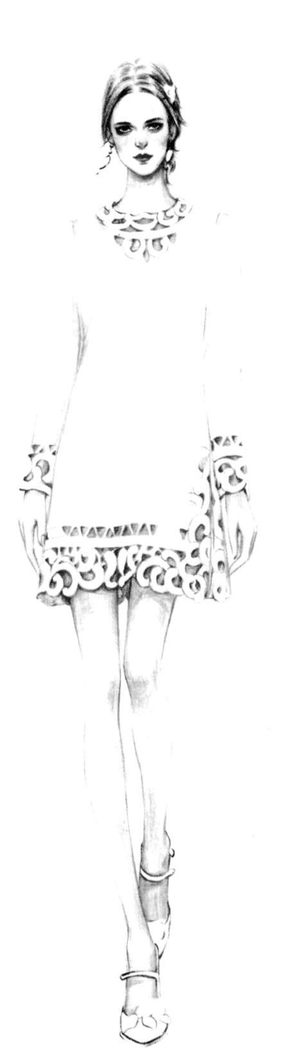

07 用浅粉色淡淡地绘制出连衣裙的暗部。在镂空图案和皮肤交界的地方叠加阴影，由于蕾丝面料较薄，因此阴影的区域较窄，投影区的形状较为明显。加重投影后，镂空蕾丝的立体感就显现出来了。

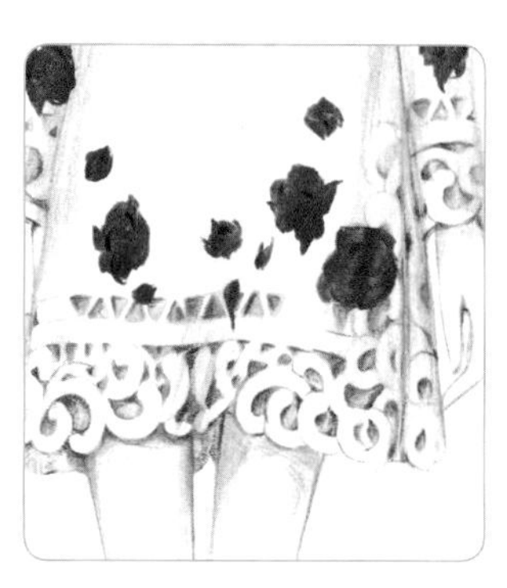

08 用浅粉色进一步明确连衣裙的明暗关系，整理出腰部和手肘处的褶皱。用玫红色绘制玫瑰花最外层的花瓣，中间叠加大红色，用深红色绘制花瓣层叠处的阴影。

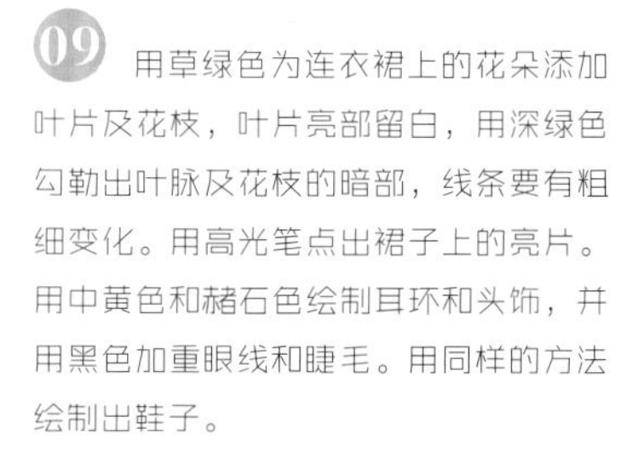

09 用草绿色为连衣裙上的花朵添加叶片及花枝，叶片亮部留白，用深绿色勾勒出叶脉及花枝的暗部，线条要有粗细变化。用高光笔点出裙子上的亮片。用中黄色和赭石色绘制耳环和头饰，并用黑色加重眼线和睫毛。用同样的方法绘制出鞋子。

10 在连衣裙的中间部分绘制出英文字母，字母的笔触要有深浅变化，再用高光笔在字母上点缀出镶嵌的亮片。完善细节，完成画面的绘制。

2.9.2 蕾丝表现作品范例

Chapter 03

用水彩表现多变的时装款式

DG

No. 3.1 用水彩表现简洁的西装

Introduction

西装是所有服装单品中较为正式的款式之一，尤其是成套穿着的西装，常见于各种商务场合，能展现出着装者的职业素养。如果想要展现出年轻休闲的风格，则可以选择夹克西装或运动西装，甚至是采用各种新型材料的前卫款西装。在用水彩表现西装时，除了对西装款式特征的强调外，笔触可以尽量干脆、肯定，以表现出西装干练精明的特征。

3.1.1 西装表现步骤详解

案例选择的是一款融合了风衣元素的装饰性西装，采用了经典的格纹图案，宽领圈和复古的系绳腰带形成了呼应，为整体的怀旧风格增添了前卫感。在表现时，可以参考彩铅章节对格子图案的表现，尤其要注意前胸插片、衣身衣摆和袖子的格纹走向。此外，要对画笔上的水分进行控制，在绘制底色时，水分尽量多一些，体现出水彩的润泽感；在绘制格纹时，笔上的水分可以少一些，使格纹图案清晰明确。

01 用铅笔起稿，表现出模特的动态和服装款式。水彩也属于透明性材质，因此铅笔稿尽量肯定、清晰，保持画面干净。

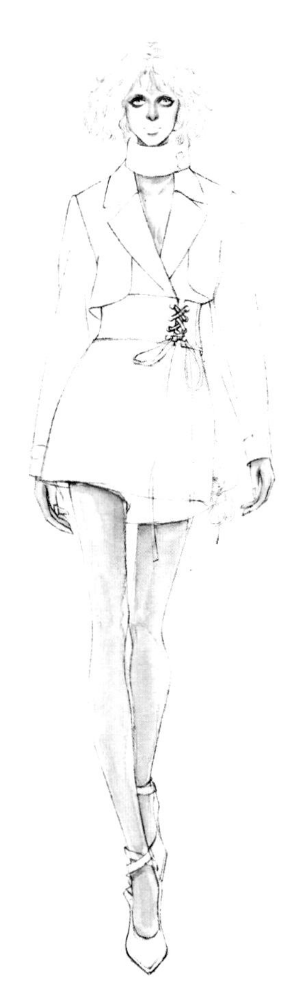

02 用肉色调和少许朱红加大量水分来绘制皮肤，眉弓、眼眶、鼻底、唇下、锁骨等处适当叠色。腿部要表现出圆柱体的体积感，明暗之间可以用清水过渡。服装边缘的投影要加重，拉开服装和人体的层次。

03 用熟褐调和少许紫红绘制出眉毛和眼珠，用赭石调和大红色加重眼窝、上下眼睑和鼻底的投影，用黑色勾勒眼线并绘制瞳孔，用深红色调和大量水分绘制嘴唇。用高光笔或白墨水点出瞳孔和下唇的高光。

04 用熟褐调和少许群青，薄薄地绘制出头发的底色，头顶处留白。由于水彩的透明性，着色后可以看到起稿时用铅笔绘制出的发丝线条。

06 用橄榄绿加少许生褐色，蘸取大量的水分，铺陈出上衣的底色。注意光源的方向，表现出服装整体的体积感，领子翻折的隆起处和手臂上的受光面要留白。

05 用熟褐调和少许紫色绘制头发的暗部。根据发丝的走向用笔，每一缕头发要注意其形态和翘起方向的变化，同时又要保证整体的体积感和层次感。可以用勾线笔绘制一些飞散的发丝，表现头发的蓬松感。

07 用橄榄绿加少许普蓝及熟褐，绘制服装的暗部。先处理人体和服装的大转折面，如身体侧面、袖子下方和衣摆下层的暗部，再通过加深领子和前胸插片的投影来强调服装的款式特征。用同样的颜色绘制腰带上和衣摆处的系带。

08 用草绿色和熟褐色加入少量水分，调出更深一些的绿色，绘制格子的条纹，纵向条纹要分别和衣身的前中线以及袖子的袖中线平行，横向的条纹根据人体的起伏及服装的结构而变化。画出腰带上的系绳。

09 用同样的颜色继续绘制格子条纹的横向线条，注意条纹的宽窄和间距保持一致，同时也要随形体而有细微的变化。

10 用赭石调和少许橄榄绿，绘制领圈和腰带，注意要表现出圆柱体的立体感。领圈和腰带都是皮革材质，有着较为明显的高光和反光区域。用熟褐调和黑色绘制鞋子，让鞋子的明暗对比更加强烈。

11 用绘制鞋子的颜色画出领圈上的扣子和腰带上的气孔，用细线勾勒系带的轮廓，让系带的体积更突出。用具有覆盖力的白色调和柠檬黄，绘制出西装上浅色的条纹，笔触要有虚实变化。修饰画面细节，调整整体关系，完成画面的绘制。

3.1.2 西装表现作品范例

No. 3.2 用水彩表现自由的夹克

Introduction

“夹克”一词源自英文Jacket，最早特指有翻领的短外套，款式短小，便于活动和工作。而随着时代和流行的发展，夹克所涵盖的范围越来越宽泛，一切用于非正式场合，穿着在衬衣或内衫外的服装款式，不论是休闲西装、运动外套或是短款上衣，都可以被称为夹克。其中最具代表的款式当属20世纪60年代兴盛的牛仔夹克和皮夹克，作为青年文化的符号，夹克成为自由与叛逆的代名词。

3.2.1 夹克表现步骤详解

案例选择的是一款宽松的刺绣钉珠牛仔夹克，属于劳动服装的牛仔面料和属于高级时装的刺绣钉珠工艺相结合，在视觉上形成一种反差美。在表现时，可以借助水彩干湿结合的技法以及多变的笔触肌理来突显材质上的对比，将牛仔的粗糙质朴和刺绣钉珠的华丽精美详细地刻画出来。

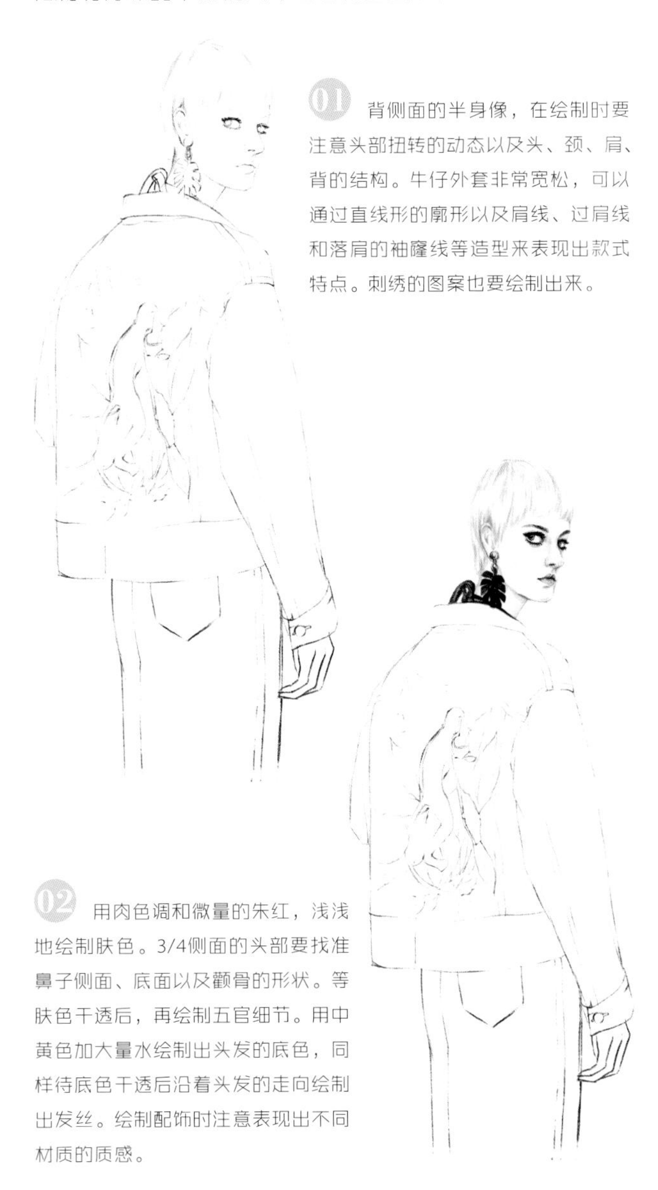

01 背侧面的半身像，在绘制时要注意头部扭转的动态以及头、颈、肩、背的结构。牛仔外套非常宽松，可以通过直线形的廓形以及肩线、过肩线和落肩的袖窿线等造型来表现出款式特点。刺绣的图案也要绘制出来。

02 用肉色调和微量的朱红，浅浅地绘制肤色。3/4侧面的头部要找准鼻子侧面、底面以及颧骨的形状。等肤色干透后，再绘制五官细节。用中黄色加大量水绘制出头发的底色，同样待底色干透后沿着头发的走向绘制出发丝。绘制配饰时注意表现出不同材质的质感。

03 用天蓝色调和少量的群青和钴蓝为夹克上色，图案部分可以先用留白液覆盖。服装的接缝处也先留白。在从暗部向亮部过渡的中间色部位，可以将画笔上的水挤干，用干笔“擦”出笔触，表现出牛仔的纹理。

04 用天蓝调和群青与普蓝，绘制夹克的暗部并整理褶皱，领子下方、袖子下方和下摆对裤子的投影都要加重。用小号水彩笔点出接缝处的碎褶，注意要有疏密变化。待留白液干后将其抹掉，进一步描绘图案的外轮廓。

05 用草绿色加少许中黄，调和适当的水分，绘制图案中叶片的底色。用深绿色加少量熟褐，绘制处于手臂阴影处的叶片，并用同样的颜色给亮部的叶片画上叶脉。

06 用棕色绘制猴子，用大红色和深红色绘制出下方的花卉。用黄色和白色渐变画出上方的花卉。叶脉部分用浅绿色加白色提亮。将画笔上的水挤干，蘸上厚重的白色，在袖子、肩头和接缝处轻扫，进一步增强牛仔的肌理感。

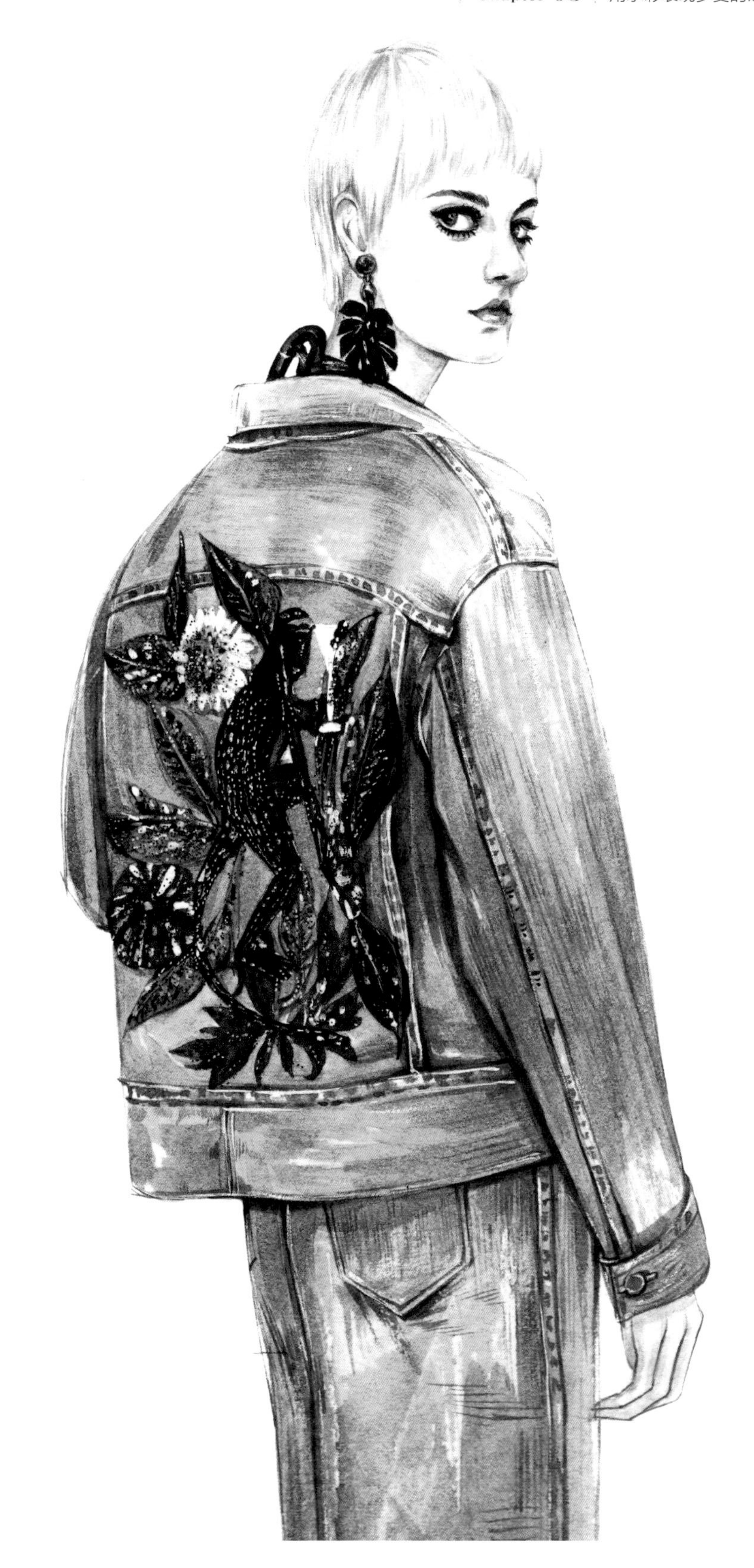

07 用高光笔绘制出猴子背部的花纹，再用珠光笔和高光笔混合点出图案上亮片钉珠的高光，注意高光分布要有疏密变化，以表现出亮片钉珠闪耀的光泽。

3.2.2 夹克表现作品范例

No. 3.3 用水彩表现潇洒的外套

Introduction

外套是指穿在最外层的服装，一般比夹克长，长度在臀围线附近的可以称为短外套，长度在臀围线至膝盖之间的是中长外套，长度在膝盖以下的称为长外套或大衣。根据季节，外套的材质也会有很大不同，春夏季多使用棉麻材质，秋冬季则使用厚重的毛呢料。想要用水彩表现出外套的分量感，一是注重细节，尤其要表现服装转折处面料的厚度；二是可以借助一定的笔触肌理体现面料的材质。

3.3.1 外套表现步骤详解

本案例选择的是一款较为轻薄的春夏男式长外套，款式简洁干练，能突出模特潇洒的气质。无论是外套还是内搭的T恤和长裤，都十分宽松，为了体现出这一特点，需要处理大量的褶皱，尤其是手肘处的挤压褶、敞开的门襟以及裆部和脚踝处的堆积褶，要注意这些褶皱的方向性和穿插关系，可以主观处理进行适当删减，使褶皱多变但不散乱。

01 用铅笔在水彩纸上绘制出大致的人体动态及服装款式。与女性模特相比，男性模特肩部较宽，走路时胯部的摆动较小而肩部摆动较大，要注意表现出男性的动态特征。

02 在肉色中加入微量的赭石和熟褐，调和大量水分，浅浅地绘制肤色，眉弓、鼻梁和颧骨要进行强调。用熟褐调和少量紫色绘制眉毛和眼珠，用黑色绘制上下眼睑和瞳孔。注意唇色不要画太深。

03 用赭石色大量调和水分绘制头发的底色，干透后再用赭石调和黑色整理出发卷。绘制发卷时要注意发卷相互叠压的层次感和头部的整体体积。额头前和脸颊旁的发卷细致描绘，头部两侧的发卷绘制得简略一些。

04 用橙色加入少量的赭石，调和大量的水分，用大笔触快速铺出外套的底色。颜色未干时可在暗部进行叠色，使外套初步分出明暗。

06 等上一步绘制的颜色干透后，用橙色调和土红色与赭石色，进一步强调外套褶皱的阴影，并绘制出服装的里层。

05 在上一步调好的颜色中多加入一些赭石，画笔适当控水，趁底色半干继续加重外套的暗部，使其和底色之间能够自然融合。整理出褶皱，其暗部和投影要表现出块面的转折，注意褶皱形态的变化。

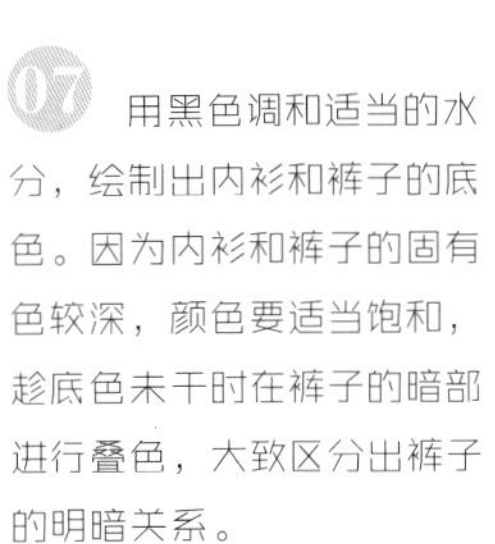

07 用黑色调和适当的水分，绘制出内衫和裤子的底色。因为内衫和裤子的固有色较深，颜色要适当饱和，趁底色未干时在裤子的暗部进行叠色，大致区分出裤子的明暗关系。

08 将笔上的水分适当控干，再加入更为浓重的黑色，绘制出内衫和裤子的褶皱。但褶皱不需要太过强烈，避免削弱外套视觉中心的地位。

09 用深红色在内衫上绘制出字母图案。用熟褐调和大量水分，为鞋带及鞋底上色。整理细节，完成该案例的绘制。

3.3.2 外套表现作品范例

No. 3.4

用水彩表现浪漫连衣裙

Introduction

连衣裙是最为传统的女装款式之一，因其包裹着女性的胸、腰、臀，这种三位一体的审美形式最能体现女性身体的曲线美。虽然连衣裙的款式多变，但总体而言分为两大类：一类是传统的one-piece，即上身和裙连成一体；另一类是从男装借鉴而来的二部式，腰线破开，上身和裙可以单独设计，再在腰线对合。无论是哪种类型的连衣裙，在绘制时都要充分考虑到连衣裙和人体的关系。

3.4.1 连衣裙表现步骤详解

本案例选择的是一款宽条纹针织连衣裙。裙子的轮廓柔和，但层叠的裙摆以及随着褶皱变化的条纹增大了表现的难度。在绘制的时候需要注意，虽然本款连衣裙较为宽松，但是因为针织面料的柔软性，女性身体的曲线在连衣裙的包裹下——尤其是右侧髋骨抬起的部位——仍然非常明显。同时，向前迈步的右腿对裙摆造型的影响也非常大。

01 用铅笔绘制线稿，保证基本的比例关系和人体动态的准确性。将服装的款式交待清楚，尤其注意袖窿处的结构和裙摆的层叠关系。连衣裙的条纹根据服装各部位纱向和褶皱走向绘制出来。

02 绘制肤色。用肉色调和少量的朱红色与淡绿色，加大量水分，用薄薄的一层颜色来绘制肤色。从暗部开始绘制，着重绘制眼窝、鼻底、下巴等部位的阴影。服装和人体交界部位的阴影也要加重。

03 在肤色的基础上加入少许的赭石和朱红，进一步强调面部的立体感，待底色干透后再刻画五官。用土黄调和赭石绘制头发，同样待底色干透后再用深红色调和少许紫色绘制头发的暗部，表现出头发的层次。用高光笔点出瞳孔和嘴唇的高光。

04 用大红色调和玫红色，再加入少许柠檬黄，用大量的水稀释后，薄薄地绘制出裙子的红色条纹，要组织好条纹的走向和疏密关系，尤其是在褶皱起伏的地方，条纹要随之起伏变化。

06 用黑色调和紫色，再加入大量水分来绘制黑色条纹，在胸部、髋部高点、肩头、袖子高点等部位，可用清水稍微清洗过渡，表现出明暗变化。稍微控干笔上的水分，绘制黑色手包，注意手包体积的转折并留出高光。用同样的颜色绘制鞋子，毛球部分要表现出球体的体积感。

05 在上一步调和的颜色中，加入少量的深红色和紫色，笔尖适当控水，根据人体的结构转折来绘制条纹的暗部，体现出连衣裙的体积感。

07 在上一步调和的颜色中，再加入一些黑色，适当控干笔尖的水分，用更深的颜色加重黑色条纹和手包的暗部。

08 在红色条纹中加入黑色细线，然后用高光笔点出高光，使高光点在受光面要密集一些。用小描笔勾勒出鞋上毛球的毛丝细节，再添加手包的细节，完成画面。

3.4.2 连衣裙表现作品范例

用水彩表现多变的半裙

Introduction

和连衣裙不同，半裙不受上半身结构的限制，变化更加自由。根据裙长和廓形的不同，有许多具有代表性的经典半裙款式，如超短裙、及膝裙、茶会裙、鱼尾裙等。在绘制半裙时，要考虑到失去肩部的支撑半裙的腰部或臀部必须提供足够的支撑力，保证半裙的可穿性和稳固性；另一方面，要考虑和上装的搭配，可以和上衣保持统一的风格，也可以在色彩、材质和造型上与上衣形成对比。

3.5.1 半裙表现步骤详解

案例选择的是一款中长的细压百褶裙，搭配镂空的吊带上衣，显得非常清新娴雅。上衣为叶片相互交叠的形状，具有较强的装饰性，可以绘制得紧凑、肯定一些，和散开的裙摆形成对比。百褶裙的压褶又细又密，需要将其进行分组，先划分出受到腿部运动影响而产生的几个大褶，再根据大褶的走向整理出细压褶，做到疏密有致，这样裙摆才不会显得凌乱。

01 用铅笔绘制出正面模特行走的准确线稿，注意人体的比例和动态。因为细压褶工艺而形成扩展造型的裙摆虽然遮挡了腿部，但仍然要准确地表现出胯部摆动对裙摆方向及褶皱变化的影响。上衣叶片状的外形和镂空图案也仔细绘制出来。

02 用大量水分稀释肉色，绘制出皮肤色。眉弓下方、眼眶周围、鼻侧面、鼻底面以及唇沟等处需要加重，尤其要注意眼镜框在面部的投影。脖子、手臂和露出的小腿要注意表现出圆柱体的体积感。脸部对耳朵和脖子的投影也要加重。

03 用深褐色绘制出眼镜框，让眼镜框虽细但也要有深浅变化，以表现其体积感。用赭石调和深红，加重面部和眼镜的投影。用深绿色绘制眼珠，用黑色画出上下眼线、睫毛及瞳孔，瞳孔留出高光。用大红色绘制嘴唇，强调嘴角及唇中缝。

04 用中黄色调和大量水分，薄薄地绘制出头发的底色，头顶和下垂发丝的亮部要留白。用中黄色调和少量赭石，根据发丝的走向绘制出暗部的头发，初步表现出头发的层次。在左右两侧均绘制出几缕飘动的发丝，使头发显得更加生动。

05 在上一步调好的颜色中适当加入赭石，进一步加重头发的暗部，并用笔尖绘制出发丝细节。

06 用草绿色为模特的镂空上衣着色，注意镂空的位置需要留白处理。可以先平铺一层颜色，半干时在暗部再叠加一层颜色，初步区分出上衣的明暗变化。

07 用深绿色勾勒出叶片的边缘和镂空处的投影，表现出镂空图案的面料厚度。再用短小的线条，细致地绘制出叶脉纹理。

08 用肉色小心地绘制出上衣镂空处的皮肤，注意不同位置镂空处的皮肤颜色会有深浅变化，不要涂得完全一样。

09 用米黄色铺出半身裙的颜色，用纵向的笔触强调出褶皱的暗面，用清水自然过渡明暗面。用深红色调和大量水分，均匀地铺出宽裙边的底色。

10 用生褐色以小点状笔触绘制出裙摆上细碎的花纹装饰，图案因褶皱的起伏会有一定的错位，注意要根据褶皱的变化来摆放笔触。

11 用生褐色多调和一些水分，稀释出比上一步浅一些的颜色，用交叉的短线条进一步丰富裙子的花纹装饰。

12 用深红色加重裙摆折边的暗部，形成一明一暗的间隔，表现出压褶的起伏转折。注意每条折边都会有相应的变化，这样百褶的形态会更加生动。

13 用黑色及浅灰色绘制出拼接的鞋面，鞋头高光的形状比较明显，表现出皮革的光泽感。鞋底的横向条纹也要有深浅变化。修饰细节，完成画面的绘制。

3.5.2 半裙表现作品范例

丁香

No. 3.6 用水彩表现干练的裤装

Introduction

尽管容易被忽视，但裤子是时装系列中必不可少的单品。和半裙一样，裤子可以简单大方，低调地衬托出上衣的风采；也可以独特夸张，对整体造型起到关键性作用。和半裙不同，如果半裙的面料挺括或通过工艺形成相对独立的空间，那么腿部动态对半裙的影响就非常小。但由于裤子包裹着腿部，即使是非常宽松的裤子也会受到腿部动态的影响，同时还要考虑胯部和裆部的形态。

3.6.1 裤装表现步骤详解

案例选择的是较为合体的格纹长裤，搭配箱型的皮革夹克，显得十分干练。在表现时，首先要注意到腿部动态对裤子的影响，向前迈步的右腿伸展得较直，褶皱很少，对格纹影响也较小；向后抬起的左腿则要找准膝盖的位置及小腿的透视，小腿后抬在膝弯处形成大量的挤压褶，小腿下方悬空的裤腿会形成荡褶，这都会使裤子上的格纹产生明显的起伏变形。

01 用铅笔画出模特正面向前行走的准确轮廓。上衣和裤子的面料都比较挺括，在体现出服装款式特征的同时，还要表现出服装和人体动态的关系。

02 用肉色调和大量水分，渲染出双颊、鼻子、额头两侧、下巴、脖子及手部的肤色，颜色要浅，薄薄一层即可，额头、鼻梁及下巴的凸起处留白。用黑色勾勒出眼线及双眼皮，绘制出瞳孔。

03 用大量水分稀释赭石色来绘制头发，注意发丝的走向和层次。刘海处凸起的部位和耳朵前上层的头发要留白，发际线及耳后的头发加重。

04 在赭石中加入熟褐和少量深紫色，进一步整理发丝的走向，笔触要尽量收尖，表现出发丝的质感。用稀释的大红色绘制出眼影和嘴唇，下唇留出高光。用绿色绘制出眼珠，和瞳孔适当过渡。用深褐色调和少量黑色，加深眉毛、眼窝和上下眼线，在上眼睑的外眼角处挑出几根睫毛，增添几分妩媚感。

06 用黑色加深上衣的暗部并整理出褶皱。上衣是皮革材质，可以适当强调服装的转折处和褶皱的明暗交界线，增加上衣的明暗对比。进一步细化上衣的细节，如扣子、包边和肩部的绳带，尤其是凸起的包边容易产生高光，需要适当留白。

05 用培恩灰为短上衣着色，可以根据服装的结构用笔，肩头和掀起的门襟颜色略浅，身体两侧和腋下的暗部可趁底色半干时进行叠色，表现出服装整体的体积感。右边翻出的里衬需要留白。

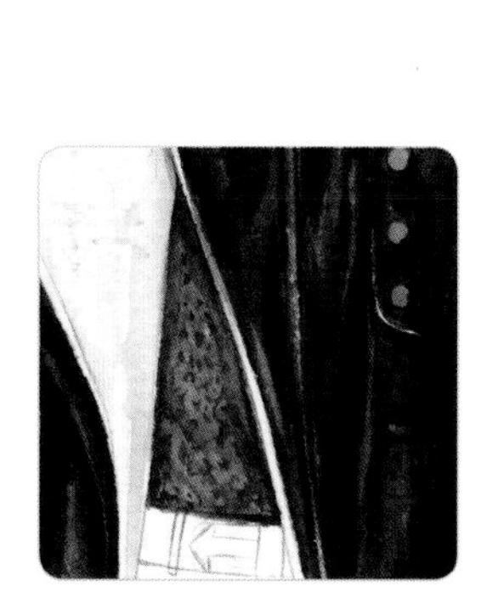

07 用米黄色调和大量的水分绘制出翻折的里衬，注意脖子和右侧门襟在里衬上的投影。用浅灰色为打底衫均匀地绘制出底色，再在边缘轮廓处叠加一层深色，表现出外衣在打底衫上的投影。将画笔上的水挤干，用点画的方式绘制出打底衫上的图案。

08 用赭石调和大红色，并蘸取大量的水分稀释，绘制出裤子的底色，在大腿和裤缝等凸起处颜色较浅，向后抬起的小腿整体都处于暗部。

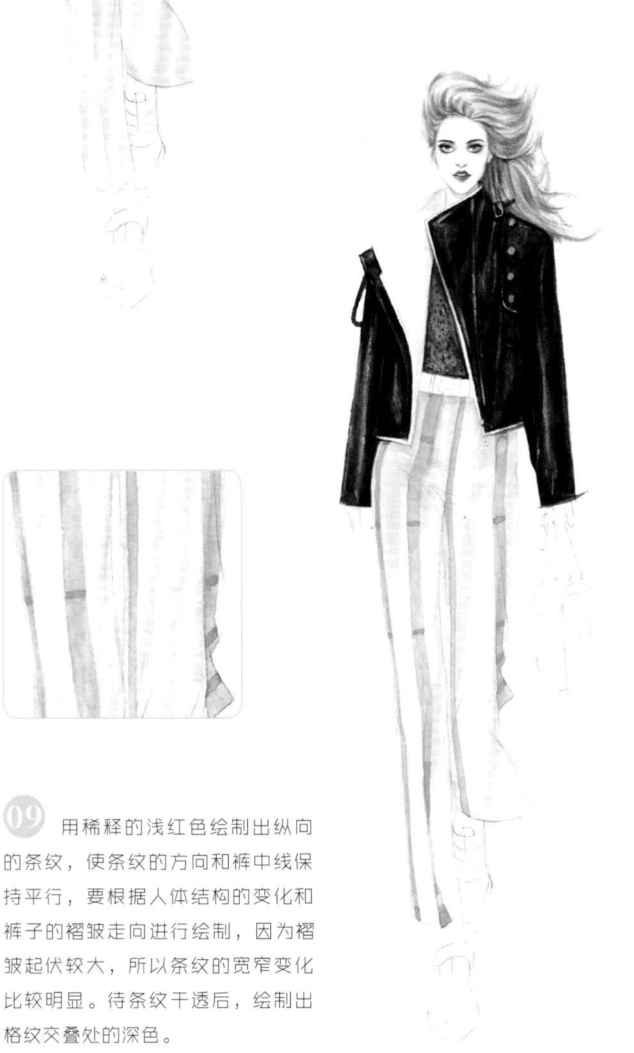

09 用稀释的浅红色绘制出纵向的条纹，使条纹的方向和裤中线保持平行，要根据人体结构的变化和裤子的褶皱走向进行绘制，因为褶皱起伏较大，所以条纹的宽窄变化比较明显。待条纹干透后，绘制出格纹交叠处的深色。

10 继续用浅红色绘制出横向条纹，要表现出腿部圆柱体的结构，因此横向条纹带有明显的弧度，尤其是左腿膝弯的褶皱堆积处，条纹有明显的错位。

11 在横向的浅红色条纹下方，用稀释后的培恩灰绘制出平行的条纹，增加图案的变化。灰色条纹除了形态上要有变化外，深浅上也要有变化，大腿的上方和右小腿等凸起的地方，灰色条纹略浅，两腿相交处和左腿膝弯处略深，以突显裤子的体积感。

12 用黑色绘制出腰带，右侧腰带用黑色小短线表现出装饰的纹理。刻画出上衣的拉锁，表现出拉锁的金属质感。

13 用稀释的黑色为鞋子上色，需要留出形状较为明确的高光来表现皮革的光泽感。鞋子的暗部用黑色进行叠加，增强明暗对比。米黄色的鞋底也要表现出转折面。

14 用橙色调和赭石绘制手包，暗部加少许熟褐进行叠色。用白色进一步明确扣袢、拉锁、口袋和鞋袢的轮廓，再提亮上衣和裤子的高光。整理细节，完成画面。

3.6.2 裤装表现作品范例

用水彩表现高雅的礼服

Introduction

礼服是时装中最为华丽隆重的款式，其新颖的造型、华丽的面料和精湛的工艺使很多设计师对礼服的设计情有独钟。大多数礼服中应用的设计元素十分繁复，因此在表现的时候要注意其主次关系：对于造型独特，如有衬垫或支撑的礼服，可以强调礼服的廓形或适当夸张款式特点；对于装饰华丽的礼服，则要精心刻画图案、褶边、镶钉等工艺细节，适当弱化服装结构或褶皱。

3.7.1 礼服表现步骤详解

本案例选择的是一款吊带钟形裙，款式简洁但裙摆造型饱满，充满艺术感的印花上装饰着闪烁的亮片。在表现时，服装的款式要流畅大气，可以有意识地省略一些细碎的褶皱，来保证画面的整体感和形式感。由于裙子的底色较浅，所以褶皱的阴影不用刻意强调，而是通过大面积的印花在褶皱处的错位来表现裙摆的起伏。耳坠、腰带等配饰虽小，但是能起到平衡画面的作用，避免了裙摆的图案过于孤立，使画面更为完善。

01 用铅笔绘制线稿，注意人体的基本比例，保持身体重心的稳定。服装胸部流线形的造型和流畅的裙摆相呼应，根据褶皱的起伏绘制出图案。

02 用橡皮轻轻擦除铅笔线，只留下淡淡的痕迹。用肉色调和少量的朱红色、淡绿色，以及大量水分来绘制皮肤色，着重强调结构转折的部位以及服装对皮肤的投影。胸部表现出球体的体积感。

03 在肤色中加入少许赭石色绘制眼窝的阴影和上下眼睑。用蓝绿色绘制眼珠，黑色绘制瞳孔和眼线。用大红色绘制嘴唇，再加入少许紫色和黑色强调唇中缝。画头发时注意留出高光部分，加重耳后、颈后等阴影部位。

04 绘制服装的底色。用那不勒斯黄、玫瑰红和柠檬黄调和大量清水进行绘制。裙摆较大，可以先绘制暗部，再用清水笔将颜色晕染开，形成自然柔和的过渡。在铺底色时注意将浅色图案预留出来。

06 绘制图案的暗部，并用小笔触刻画花瓣的纹理脉络。在绘制时要注意，中央部分的图案颜色饱和，刻画细致，两侧的图案要适当减弱虚化，以体现裙摆的钟形造型。

05 先用大色块绘制出图案，在调和颜色时适当加水，通过水量的多少来控制颜色的深浅。这一步平涂即可，不需要表现明暗关系，但要注意因褶皱起伏图案发生的错位变形。

07 绘制图案的黑色装饰部分，要注意线条的粗细变化。特别纤细的线条或黑点可以用0.5的针管笔来绘制，要注意线条和黑点的疏密关系。

08 用金色的金属笔绘制出亮片，再用高光笔点出高光。为了突显亮片的立体感，在高光的周围用黑色点出亮片的阴影。高光要注意大小变化和分布的疏密，在亮部的高光点要大一些，分布密集一些，暗部则要减少高光点的数量，点也要稍小一些，以表现裙子整体的体积感。

3.7.2 礼服表现作品范例

Chapter 04

用马克笔表现不同风格的时装

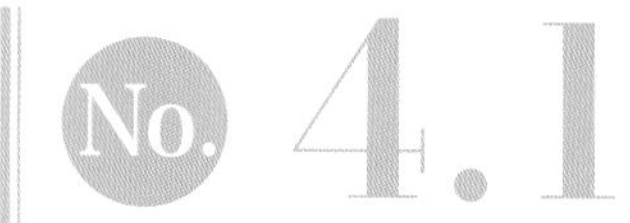

用马克笔表现都市白领风

Introduction

白领们的职场服装一般以简洁大方的款式为主，色彩比较雅致，单品之间的搭配要舒适。虽然西服套装和套裙仍然被看作办公室着装的典范，但如今的白领装束早已不局限于此，紧随流行的款式、新潮的面料和精心修饰的细节，都展现着当代职场女性既具有专业素质，又极具审美修养的新风貌。

4.1.1 都市白领风表现步骤详解

案例选择的是一款散摆的连衣裙，经典的X形收腰造型优雅大方，前胸的褶皱和上衣的钉珠增添了女性的妩媚，裙摆的格纹搭配袖子的横条纹则使原本端庄的裙子具有了轻松活泼的动感。马克笔的硬方头在绘制条纹或格纹时极具优势，在表现时只要随着褶皱的起伏而变化笔触即可。范例中出现了不同层次的褶皱：前胸处抽褶的薄纱、胸下的收褶、细褶的裙摆以及在颈部环绕后飘散的围巾，这些不同形态的褶皱有一定的方向性，绘制时既要有所区别，又要在风格上保持统一。

01 用铅笔画出模特的行走动态及五官位置，特别要注意人体重心的稳定。案例中模特的上身基本直立，向右摆胯，重心落在右腿上。

02 用铅笔描绘出模特的五官、发型、长裙及配饰细节。整理出主要的褶皱关系，围巾的环形褶、腰带上下放射状的褶皱及裙摆的翻折，都要表现到位。

03 用肉色的纤维笔勾勒面部五官及手脚的外轮廓。用小楷笔勾勒发丝、服装和配饰，要注意线条的粗细变化，通过笔触的粗细变化表现出褶皱的方向性。

04 用较浅的颜色在模特的脸部、裸露的前胸、手部和腿部均匀地铺出一层肉色。

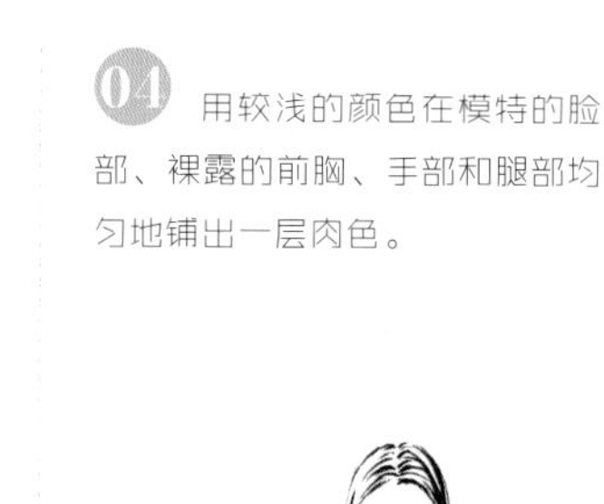

05 用较深一些的肤色加重眉弓下方、鼻底面、颧骨下方的阴影，以及围巾、袖口和裙摆在皮肤上的投影，强调出五官的立体感。绘制皮肤的笔触不要过于明显，叠色时过渡要柔和些，以体现皮肤细腻的质感。

07 用较浅的暖灰色，以大笔触的形式，为裙子的上半部分铺色，笔触的排列要符合人体的结构和褶皱的走向。因为马克笔的墨水透明度极高，下层的肤色能够透出来，表现出纱料半透明的效果。前胸适当留白。

06 用玫粉色绘制眼影和眼角内侧的阴影，用褐色加重眼窝和眉毛，用黑色纤维笔绘制出眼线、睫毛和瞳孔，并加重眉头。用灰绿色绘制眼珠，用红色填充唇部色彩，待颜色干透后用黑色勾勒嘴角和唇缝，并用棕褐色浅浅地画出牙齿。

08 用更深的暖灰色进一步叠加上身的暗部，并整理出褶皱的走向，尤其是束腰的边缘，是结构深陷的地方，要重点强调一下。

09 绘制围巾。虽然围巾是黑色，但不能画成死黑一片，亮部仍然需要留白，以体现脖子的体积感和围巾的褶皱关系。可以先用深冷灰打底，再在暗部叠加黑色，根据褶皱的走向用笔，并随着褶皱的形态调整笔触的宽窄变化。

11 用冷灰色马克笔尖头的一端，绘制袖子及束腰上的灰色条纹。袖子及束腰都紧贴身体，因此条纹也要表现出圆弧形的透视。

10 用中黄色绘制横向条纹。袖子和束腰使用硬头马克笔的尖头，裙摆使用马克笔的方头，随着人体动态和褶皱的起伏进行绘制，褶皱变形剧烈的地方要转动笔尖，表现出条纹的错位感。

12 用土褐色马克笔在裙摆处绘制出横向宽条纹，与黄色宽条纹留出白色间隔，以增强裙摆的层次感。用红色马克笔的方头笔尖绘制出小方块，而方块的大小也要根据裙摆的形态来绘制。

13 用深褐色硬头马克笔的尖头，绘制出百褶裙的竖条纹，要根据褶皱起伏仔细梳理细条纹的疏密及深浅粗细变化。用更深一些的褐色绘制出小方格花纹，再用深红色纤维笔勾出裙摆和袖子上横向的装饰细线。

14 用浅黄色绘制头发的底色，再用赭石色加深，扎起来的头发紧贴头部，要表现出球状的体积感。用大红色铺出手包的底色，亮处留白，用暖灰色绘制出包上的阴影，并用深红色的纤维笔绘制出包上的波浪形花纹。用深灰色为鞋子着色，高光的轮廓形状要明确，体现出皮革的光泽感。

15 用高光笔添加人体和配饰凸起处的高光，整理褶皱的细节，并点出上衣的钉珠。高光依然要根据褶皱走势及人体结构进行绘制，避免笔触过多而使画面变得混乱繁杂。

4.1.2 都市白领风作品范例

No. 4.2 用马克笔表现社交名媛风

Introduction

能称得上“名媛”的社交宠儿大都有着优良的家世和极高的修养。想要表现出名媛风，那服饰中一定有着经典和考究的因素，并不是单纯地展现出精致奢华，而是每一处细节都拿捏得恰到好处，从细微之处展现不凡的品位。虽然马克笔是一种快速表现工具，但在表现名媛风时一定要耐心刻画细节。

4.2.1 社交名媛风表现步骤详解

此案例为一款绿色拖地花边长裙，裙摆和袖口层叠的花边使整套服装极具动感，缠裹的头巾、薄纱的披肩和繁复珠宝增添了几分中世纪华丽神秘的风格。画面层次丰富，细节繁多，所以在表现时要注意对笔触的控制，既有表现缎面裙摆的利落大笔触，也有表现褶皱起伏和网纱的线形笔触，以及表现珠宝亮片的点状笔触，笔触要疏密有致，保证画面的韵律感。

01 用铅笔绘制出模特的行走动态及五官位置，人体的重心线经过锁骨的中心点落在支撑身体重量的右腿上。手臂前后摆动的方向与腿部行走的方向相反。

02 在动态基础上绘制出发型及服装的大致轮廓，因为腿部动态而向前甩出的裙摆可以绘制得夸张些。梳理褶皱方向，腿部动态对裙摆的影响也要表现出来。

03 细化出五官、配饰及前胸网纱的纹理，仔细整理袖口及裙摆处的多层荷叶边，让荷叶边沿固定线呈放射状分布，受到褶皱影响荷叶边会像条纹图案一样出现变形和错位。

04 用小楷笔勾勒出服饰及褶皱，荷叶边的下摆线可以适当粗一些，表现出层叠的阴影。用肉色的纤维笔对模特的面部五官和手部轮廓进行勾勒。用橡皮将不需要的草稿线擦除。

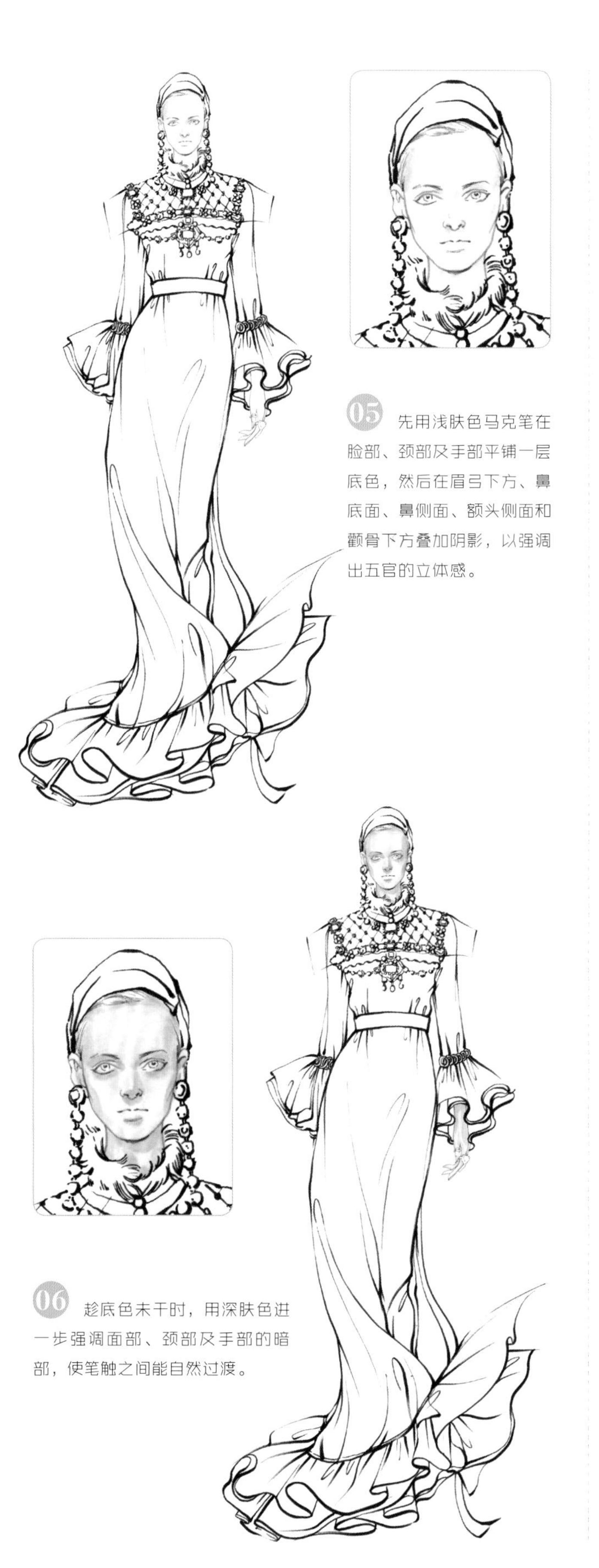

05 先用浅肤色马克笔在脸部、颈部及手部平铺一层底色，然后在眉弓下方、鼻底面、鼻侧面、额头侧面和颧骨下方叠加阴影，以强调出五官的立体感。

07 用橘红色绘制眼影并加重鼻底和唇沟的阴影，用蓝绿色绘制眼珠，用玫红色绘制嘴唇。用褐色和黑色纤维笔过渡表现眉头和眼窝，再用黑色纤维笔绘制瞳孔并勾勒出眼线和唇中缝，下唇用高光笔提亮。

06 趁底色未干时，用深肤色进一步强调面部、颈部及手部的暗部，使笔触之间能自然过渡。

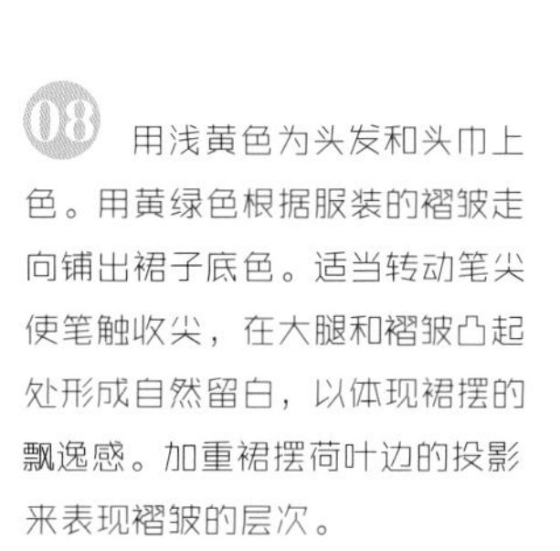

08 用浅黄色为头发和头巾上色。用黄绿色根据服装的褶皱走向铺出裙子底色。适当转动笔尖使笔触收尖，在大腿和褶皱凸起处形成自然留白，以体现裙摆的飘逸感。加重裙摆荷叶边的投影来表现褶皱的层次。

09 用中绿色马克笔加重褶皱的暗部，固定线的接缝处绘制得更深一些，以突出褶皱膨起的立体感。

10 用肉粉色为长裙上部的透明薄纱着色，亮部留白，暗部直接叠色即可，透出袖子的颜色可以表现出薄纱透明的质地。有钉珠的网纱需要添加投影，以突显其立体感。用浅棕色绘制出头发的暗部。

11 用蓝色、橙色、深灰色为珠宝配饰上色，注意在高光处留白，以体现出珠宝闪耀的效果。

12 用硬头马克笔的尖头在脖颈处绘制出一圈毛领，用短笔触进行绘制，方向可以随意些，显得更加生动。但毛领的凸起处仍要留出一圈高光，体现出毛领的体积感和蓬松感。

13 用深灰色马克笔绘制出腰带及袖子的花边，通过用笔的轻重来控制笔触的深浅，在转折处要有适当留白。用浅粉色为领口及前胸的装饰边着色，并用玫红色纤维笔绘制出精致的花纹。

14 用高光笔在腰带、珠宝、毛领、裙子褶皱及五官的凸起处提亮高光，使画面的层次更为丰富。完善细节，完成画面的绘制。

4.2.2 社交名媛风作品范例

用马克笔表现混搭休闲风

Introduction

面对现代社会快节奏生活带来的压力，人们希望在日常着装中更为自由休闲。由运动装、亚文化街头服装、劳动装甚至家居服所混搭而成的休闲风格备受人们的青睐。除了层层套叠、内衣外穿等花样，有的搭配方式甚至混淆了服装的功能性和季节性，可以说是毫无章法，但这并不妨碍人们对自我风格的展现。

4.3.1 混搭休闲风表现步骤详解

案例表现的是具有怀旧感的猎装夹克和具有功能性的工装裤组合搭配，黑色的双孔宽腰带和黑色大长靴展现出朋克风，而夹克肩部隆起的泡泡袖和华丽的耳饰又增添了几分女性的妩媚感。整体造型给人率性干练的感觉，在用马克笔进行绘制时，以简洁利落的大笔触为主，笔触的转折可以硬朗一些，以表现服装挺括的质感。同时不要忽略细节的刻画，如服装的镶边、接缝线和配件等，以增加画面的可看性。

01 用铅笔起稿，绘制出人体结构及行走动态，右肩下压，胯部也向右抬起，身体的重心落在右腿上。左小腿因为向后抬起会产生强烈的透视。

02 在人体动态结构基础上，绘制出服装的大致轮廓和服装各部件的形状与位置。注意服装因为造型变化和人体之间会产生一定空间。

03 以肯定的线条进一步明确发丝的大致走向。准确绘制出领、门襟、口袋、腰带等局部细节。为模特添加一个手提包，要符合棱台体的透视。

04 用小楷笔勾线，表现服装边缘轮廓、装饰细节和褶皱起伏，线条要有相应的变化。用肉色纤维笔勾勒面部和手的轮廓，然后将不必要的草稿线擦除。

05 用浅肤色为脸部、脖颈及手部轻铺一层底色，眼眶内留白。在鼻梁、鼻底、双颊及脸与脖子的交界处再叠加一层底色，以表现面部的立体感。

07 用赭石色绘制眉毛并加深眼窝，趁其未干时用橙色过渡绘制出眼影。用蓝绿色绘制出眼珠，用黑色纤维笔绘制出瞳孔，高光处留白，细心勾勒出眼睫毛。用浅粉色绘制嘴唇，用大红色过渡出深浅变化，再用深红色勾勒唇中缝。

06 用深肤色加重眉弓下方、额头侧面、鼻侧面、鼻底面和颧骨下方的阴影，头发在额头上的投影以及下巴在脖子上的投影也要表现出来。

08 用黄褐色绘制头发的底色，注意在头顶处留白，表现出头部的体积感。用深褐色沿发丝走向绘制出暗部，注意刘海的造型和前额处头发的交叠关系。将头发分组绘制，这样发丝才不会显得凌乱。

09 用中绿色以纵向排列的笔触为上衣铺色，前胸、口袋凸起处及袖筒的亮部需要留白。裤子同样用浅叶绿以纵向大笔触铺色，褶皱暗部及两腿交叠处可叠色加深，左腿膝盖的形状可适当强调一下。

10 用橄榄绿加重上衣的暗部并整理出褶皱的形态，通过控制行笔速度或转动笔尖来调整笔触的形状，以便和上衣底色形成较为自然的过渡。

11 用深冷灰为手提包、长靴、腰带和耳环上色，并勾勒出上衣门襟及口袋的饰边，亮部留白，暗部用更深的冷灰色加重。注意裤口在长靴上的投影以及身体在手提包上的投影。

12 用高光笔以线条的形式绘制出上衣和裤子的高光，表现出马克笔轻快潇洒的风格。高光线条也要有深浅变化，不可绘制得千篇一律，否则会使画面显得散乱。用高光笔以小笔触绘制出耳环、门襟拉锁和腰带装饰扣的高光，以体现其闪亮的金属质感。整理细节，完成画面的绘制。

4.3.2 混搭休闲风作品范例

用马克笔表现优雅复古风

Introduction

近几年，无论是T台还是街头，都刮起了一股Vintage style，那些经典的、带有历史浪漫气息的、永不过时的服装就像是对旧日的礼赞，像通过时间发酵的美酒般历久弥香。但是，复古风格并不是一成不变地模拟过去，而是要融入当下的特色和时代风貌。在表现这种风格时，一定要找到传统和现代的交汇点。

4.4.1 复古优雅风表现步骤详解

层叠的褶皱和夸张的廓形最能体现复古风。本案例的绘制难点在于多层塔形上衣繁复的褶皱，在表现时要找到规律，既避免过于混乱，又要充满变化，使褶皱生动自然，表现出服装轻盈的质感。裤子紧身的造型和上衣形成对比，无论是勾线还是着色，都要适当“紧”一些，这样才能使画面充满稳定性。虽然服装款式比较单纯，但是画面细节非常丰富，如模特卷曲的长发、上衣抽褶线上的花边以及裤子的拼接线，都需要耐心而细致地表现出来。

01 用铅笔起稿，绘制出模特的人体结构和五官的大致位置，注意人体比例和重心。向前弯曲的手臂要注意手肘和小臂的透视。

02 绘制出服装的大致轮廓。衣身和袖子都非常宽松，可以先忽略褶皱找准抽褶线的位置。裤子较为紧身，要表现出膝盖的形状和膝弯处的褶皱。

03 将铅笔稿擦浅，用肉色纤维笔勾勒脸部及脖子，并在脸部平涂一层淡肉色，高光处留白。用小楷笔勾线并整理上衣褶皱，使褶皱从抽褶线发散出来，靠近抽褶线处的褶皱线最重，然后逐渐收尖消失。

04 加深额头侧面、双颊、眉弓下方、上下眼睑、鼻侧面、鼻底面以及唇沟的颜色。双耳及脖子相对于面部位置靠后，因此会受到面部投影的影响，也需要加重。

05 用红褐色再次叠加眉毛、眼窝、上下眼睑、鼻底及唇沟的投影，同时加深脸部边缘。用浅紫色叠加眼影，眼影颜色过渡要柔和。用蓝绿色绘制眼珠，用黑色绘制瞳孔并加重眼线。用玫红色涂出嘴唇，上唇颜色较深，用黑色勾勒嘴角和唇中缝。瞳孔和下唇用高光笔点出高光。

06 用明黄色马克笔的尖头一端根据发丝的走向进行绘制。头发卷曲蓬松，在表现时要注意整体的体积转折。头顶受光比较集中，留白比较明显，披散的发丝因为卷曲削弱了受光面，所以要更耐心地整理头发的分组，区分前后层次。

07 用深黄色进一步加深头发暗部的颜色，使头发的层次感更强，尤其要注意发丝边缘的造型。

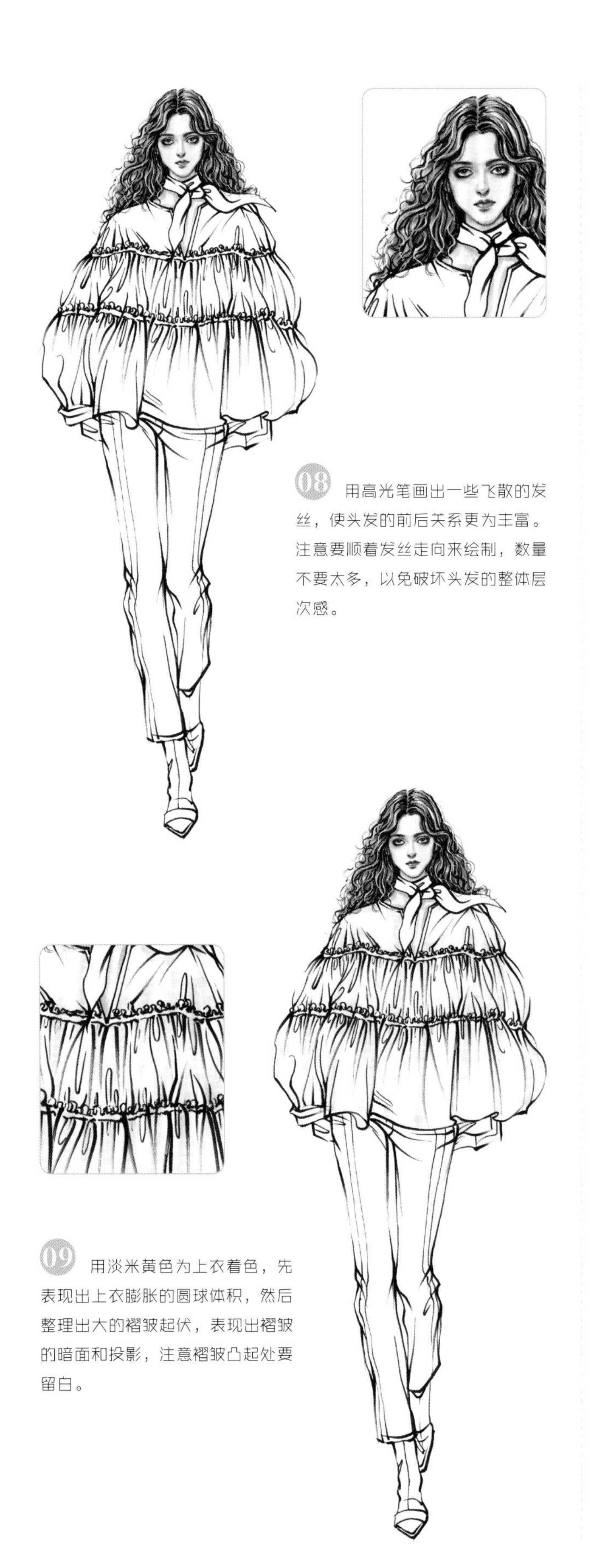

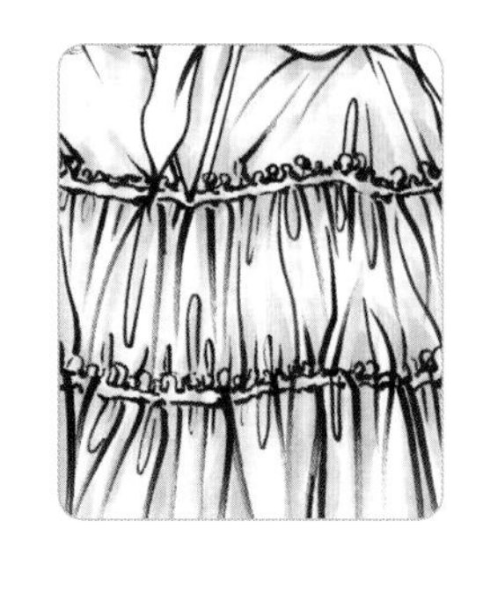

08 用高光笔画出一些飞散的发丝，使头发的前后关系更为丰富。注意要顺着发丝走向来绘制，数量不要太多，以免破坏头发的整体层次感。

10 用浅赭色以扫笔的形式加重上衣褶皱的暗部，通过转动笔尖来表现褶皱暗部及投影的形状。同勾线时的用笔方式一样，接缝线处的笔触宽且深，表现出褶皱深陷的状态，运笔过程中力度逐渐减轻，笔触收尖消失。

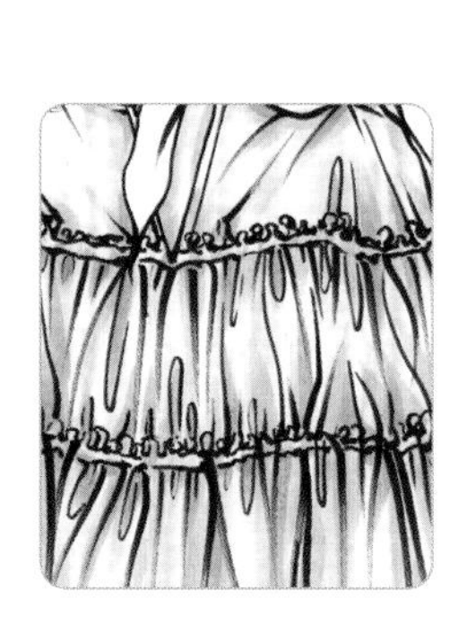

09 用淡米黄色为上衣着色，先表现出上衣膨胀的圆球体积，然后整理出大的褶皱起伏，表现出褶皱的暗面和投影，注意褶皱凸起处要留白。

11 因为褶皱密集，所以会形成大量深陷的投影死角，这些部位用赭褐色进一步加深。用细小的笔触绘制出细碎的褶皱。

12 用橘褐色为裤子及鞋子上色。裤子较为紧身，所以要表现出腿部圆柱体的体积感。裤子与衣摆的交界处受上衣投影的影响，颜色要加重。用马克笔的尖头，绘制出裤子的接缝线和鞋子的暗部。

13 先用深灰色绘制出围巾的底色，系结处和飘带凸起处要留白，系结的阴影及褶皱凹陷处用更深的灰色加重，笔触要根据褶皱的起伏而变化。

14 用高光笔将领结、上衣花边、衣摆及鞋子的高光以线条的形式表现出来。裤子的缝纫线处需用点状笔触来表现细小碎褶的起伏。调整画面的整体关系，完成绘制。

4.4.2 复古优雅风作品范例

No. 4.5

用马克笔表现多元民族风

Introduction

不同的地域、风俗和文化传承，使得民族服饰呈现出无与伦比的多样性，提供给设计师源源不绝的设计灵感。和复古风格一样，民族风也不是原封不动地照搬，而是要将民族的元素融合到现代服装设计中去。无论是醒目的撞色，充满象征意义的图案，还是直线型的剪裁或手工感的面料肌理，这些传统的元素都要通过设计师的巧妙演绎，焕发出全新的生机。

4.5.1 多元民族风表现步骤详解

图案是服装设计中比较强烈的视觉元素，使用民族风图案时，尤其是在使用大型满地花图案时，一定要和时尚潮流紧密结合。案例的包裙使用了带有中亚风格的花卉图案，但是没有使用艳丽的色彩搭配，而是采用了黑色镶嵌钉珠的形式，再搭配复古的荷叶边针织衫和系带长靴，充满了大都会的摩登感。本案例的所有服饰都是黑色，在表现时一定要找到其中微妙的层次变化，通过不同的笔触细节来丰富画面，这样才能使画面耐人寻味。

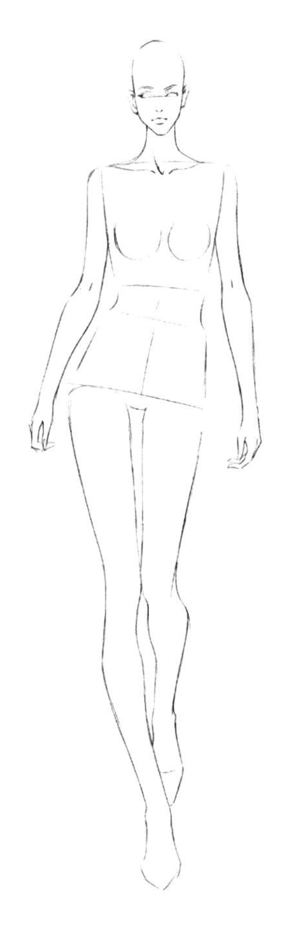

01 用铅笔起稿，绘制出人体结构和动态特征，以及绘出五官和锁骨的大致轮廓。模特上身基本直立，胯部向右上方抬起，重心落在右腿上。

02 用铅笔绘制出发型、服装及配饰的大致轮廓。上衣的材质和装饰较为复杂，可以先将其拆分为不同的部分，分区域进行绘制。

03 进一步细化线稿，描绘出发丝走向、上衣的褶皱花边及条纹饰边、裙子的褶皱及裙尾部的花边等。然后用橡皮清理草稿线，保证画面整洁。

04 用赭石色纤维笔勾勒出发丝、面部五官以及手部轮廓。用黑色小楷笔勾勒服装线条，注意使用不同变化的线条表现不同的材质。

05 用马克笔尖头的一端仔细绘制出裙子的花型图案。为了保证花型的完整性，可以忽略褶皱的起伏，平面绘制即可。

06 用浅肉色在模特的面部、脖子、小臂、手和前胸露出来的皮肤上平铺一层底色。

07 用稍微深一些的肉色加重眉弓下方、眼窝、鼻底和唇沟的颜色。面部在脖子上的投影、锁骨的形状、上衣装饰条纹在前胸的投影以及袖口对手腕的投影也用相同的颜色表现出来。

08 进一步描绘五官。用浅棕色加重鼻梁、鼻底和唇沟的阴影，并自然地过渡出眼影。用深褐色绘制眉毛并加深眼窝，使五官更加深邃。用浅蓝色绘制出眼珠，用浅朱红为唇部上色，然后用黑色绘制上下眼线、睫毛、瞳孔和唇中缝，用高光笔点出瞳孔和下唇的高光。

09 用中黄色为头发着色，头顶上交叠的发辫要整理出层次，头顶和发辫的凸起处需有狭长的留白区域。

11 用灰色马克笔方头一端绘制出服装和配饰的底色，通过用笔力度来控制笔触深浅。造型饱满的泡泡袖、起伏的褶边及裙子紧贴大腿处，这些凸起处都需要留白。袖子的下半部分要将小臂的肤色透出来，表现出袖子半透明的材质。用黑色绘制耳坠，要留出形状明确的高光。

10 用棕黄色加深头发的暗部。发辫的体积感比较鲜明，因而明暗对比较为强烈，耳和脖子后方的头发处在阴影中，颜色也较深。在此基础上用赭石色根据分组沿着发缕的走向绘制出发丝。

12 用深灰色再次加重服装和配饰的暗部，并进一步整理褶皱细节。身体和手臂的交界处、双腿的侧面和双腿交叠处以及上衣对裙子的投影和裙子对靴子的投影，都需要加深。

13 用黑色纤维笔绘制出上衣蕾丝花边的纹理、袖子上的装饰图案以及前胸和领口针织花型的细节纹理。针织花型要表现出织线的厚度，因此要在每个循环图案的交叠处添加投影。

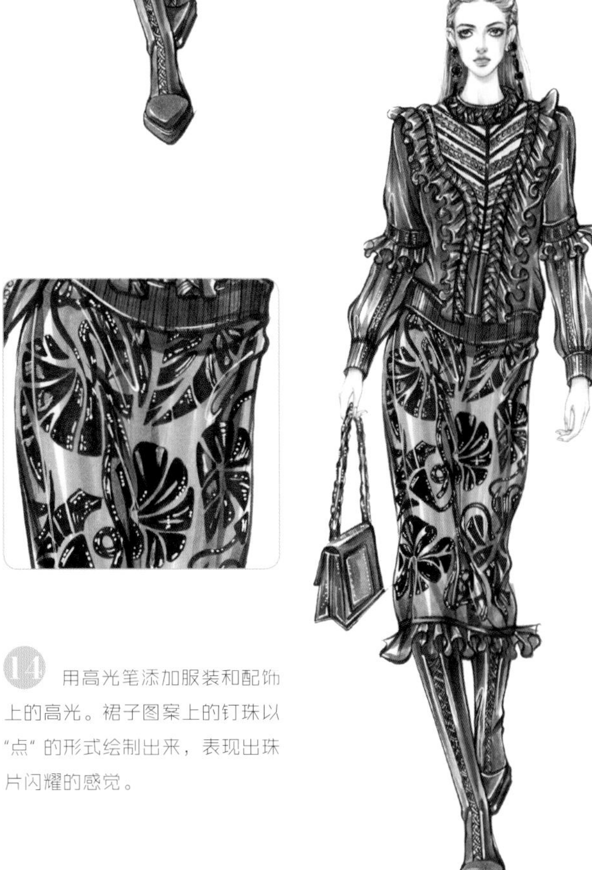

14 用高光笔添加服装和配饰上的高光。裙子图案上的钉珠以"点"的形式绘制出来，表现出珠片闪耀的感觉。

15 用纤维笔和高光笔绘制出袖子下半部分的蕾丝花纹，进一步丰富画面细节。对画面进行整理，完成绘制。

4.5.2 多元民族风作品范例

No. 4.6 用马克笔表现平面装饰风

Introduction

时装从来就不是单一的艺术形式，它源源不断地从姊妹艺术和其他艺术与技术领域汲取灵感。例如，伊夫·圣洛朗将蒙德里安的《红黄蓝》印在针织连衣裙上，被看作是跨界合作的典范之一。而平面装饰艺术更是受到设计师青睐的艺术形式，无论是涂鸦艺术、波普艺术还是包豪斯主义的现代平面设计艺术，都能让时装展现出别具一格的韵味。

4.6.1 平面装饰风表现步骤详解

案例选择的是印花外套和印花连衣裙的组合，两种图案都是黑白搭配，在视觉上既统一又充满变化。不过外套的图案属于四方连续的重复印花，而连衣裙的图案则是重点设计在前胸的定位印花搭配辅助小碎花图案，在表现上这两种图案都可以采用平面的装饰手法，忽略服装的体积和褶皱起伏。而人物、外套的毛领和鞋子则可以用立体化的表现方式，和服装的图案部分形成对比。

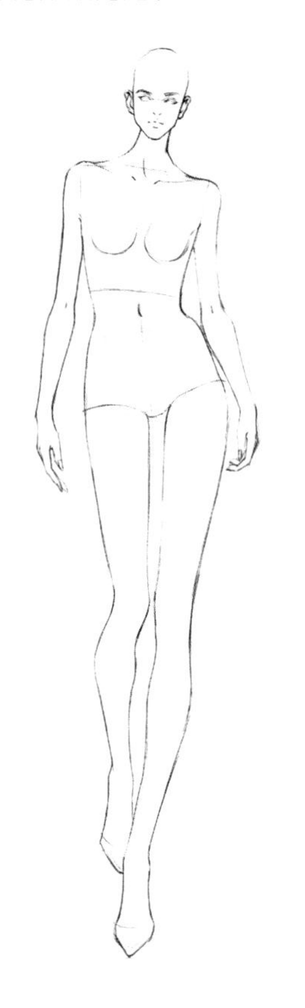

01 用铅笔起稿，画出模特的人体结构、五官的大致位置及行走动态，模特向左压肩的同时也向左提胯，形成身体左侧紧凑、右侧舒展的节奏。

02 用铅笔绘制出服装的款式和连衣裙上定位印花的图案。外套一侧的门襟因为走动而掀开，对右侧胳膊形成了遮挡。绘制出发型，注意盘发的造型。

03 用小楷笔明确服装的款式结构和图案细节。绘制领子和袖口的皮草时，线条的粗细变化要鲜明，以表现皮草的层次感。用肉色纤维笔勾勒出五官和手脚的轮廓。

04 用浅肤色平铺出皮肤的底色，再叠色表现出鼻梁、前胸和膝盖的体积感，要根据面部及人体的结构转折来用笔。面部对脖子的投影以及裙子对大腿的投影也要适当加重。

05 用深肤色加重皮肤的暗部以体现出立体感。用红色绘制嘴唇，深褐色画出眉毛、眼珠、双眼皮、唇沟和颧骨的投影，强调出面部轮廓。用黑色绘制出瞳孔和上下眼线，并勾勒嘴角和唇中缝。用高光笔点出瞳孔和下唇的高光。

07 用高光笔绘制出皮草亮部的毛丝，提亮的毛丝主要分布在皮草的边缘。领子和袖口为长毛皮草，因此提亮的毛丝应该采用长而卷曲的线条。提亮的毛丝不可太多，以免过乱。

06 用深灰绘制领子及袖口的皮草，毛丝从中央高点向四周呈放射状分布，在把握大方向的基础上笔触要有所穿插，有宽窄疏密的变化，并耐心整理皮草边缘的形状。毛丝交叠处的阴影夹角可以用更深的灰色加重。

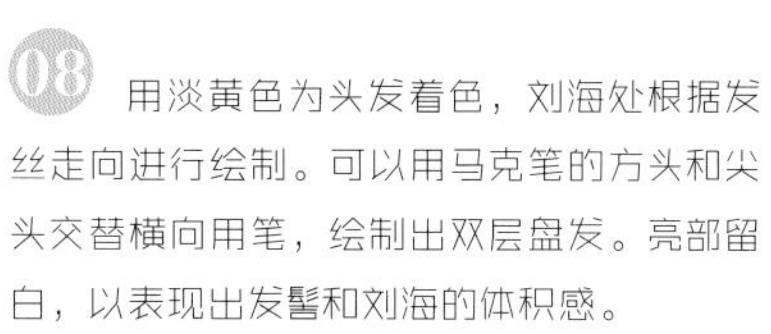

08 用淡黄色为头发着色，刘海处根据发丝走向进行绘制。可以用马克笔的方头和尖头交替横向用笔，绘制出双层盘发。亮部留白，以表现出发髻和刘海的体积感。

09 用赭石色根据发丝的走向加深头发的暗部。用深褐色进一步强调出头发的层次变化，尤其加重发髻两侧、耳后以及双层盘发在刘海上的投影。

10 用高光笔在刘海及双层盘发的留白处绘制发丝，笔触要细，进一步突出头发的光泽感。

11 用紫色为连衣裙上的花纹图案着色，平铺即可。

12 用深紫色绘制连衣裙图案的暗部。用铅笔绘制出连衣裙扇形图案的细节和外套上均匀分布的扇形图案。用黑色平涂大衣上X形和半圆形的图案。

13 用黑色细致刻画出裙子及大衣扇形图案上的装饰纹理，无需考虑明暗关系，均匀绘制即可。

14 用浅灰色马克笔以较为随意的圆弧线，绘制出连衣裙的底纹，图案分布均匀但细节形状上要有变化。用深灰色纤维笔在部分浅灰花纹的一侧勾线，给花纹增加一些立体感。

15 用浅紫灰绘制鞋子，注意鞋面转折形成的高光。用高光笔进一步细化外套和连衣裙上的图案，使图案更加精致。完善细节，完成画面的绘制。

4.6.2 平面装饰风作品范例

丁香

No. 4.7 用马克笔表现立体构成风

Introduction

时装大师皮埃尔·巴尔曼曾经说过："时装是流动的建筑。"这两个设计门类的共通点无疑就在于对结构探讨和对空间的应用。当前，对服装结构的设计主要有两种方式，一种是构成主义，专注于对服装材料、廓形及内外结构的突破；另一种是解构主义，强调对服装结构的分解和重组。无论哪种方法，都打破了服装"一片布"的局限，拓展了服装设计的范畴。

4.7.1 立体构成风表现步骤详解

案例选择的是一套由大大小小几何体堆叠而成的不规则上衣，具有一种未来风貌。在绘制时并不需要将每个小部件都表现得非常具体，而是采用一种写意式的手法，把握整体造型和大的层次，展现出马克笔畅快爽利的特性。因为画面较为单纯，所以对笔触的变化和控制十分重要：服装上几何体的转折通过肯定的笔触来表现，小笔触添加阴影和高光的点缀能够丰富画面细节。裤子、鞋子等部位简约绘制即可，将画面的焦点聚集在上衣上。

01 用铅笔绘制出人体结构、行走动态及五官轮廓，重心在模特右腿上。模特的手臂前曲，左小腿向后抬起，要注意前臂和小腿的透视变化及关节的位置。

02 用铅笔细化面部五官及头发。确定裙子上复杂繁多的几何形的大致位置，找准几何形堆叠形成的整体廓形。绘制出裤子和鞋子的大致轮廓。

03 用小楷笔勾勒出服装和鞋子的轮廓，并明确服装上的几何形，只勾勒外轮廓和最上层的几何形即可。用红褐色纤维笔勾出五官、头发、手臂和小腿。

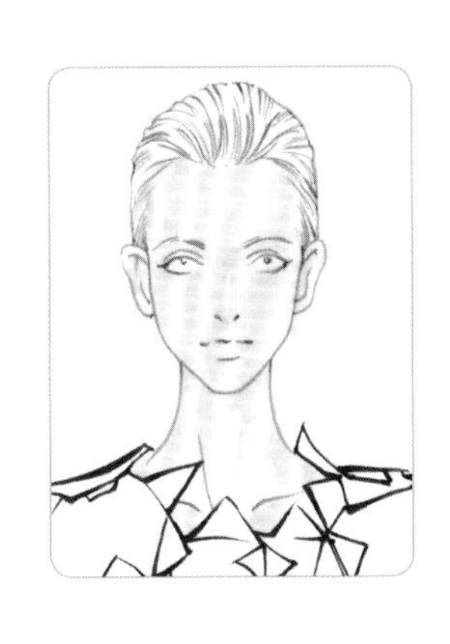

04 用浅肉色平铺出肤色，鼻梁、脖子、手臂和小腿的凸起处留白。

06 用浅棕色绘制出眉毛并叠加眼窝、眼眶和鼻底的阴影，用水红色绘制嘴唇，然后用深棕色进一步加重眼窝，过渡出眼影的颜色并勾勒唇中缝。用蓝绿色绘制出眼珠，最后用黑色画出瞳孔和眼线，瞳孔亮部留白，注意要表现出眼珠的光泽感。

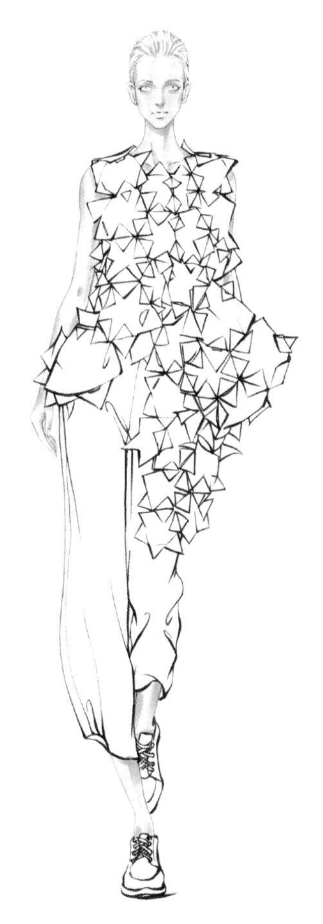

05 用深一些的肉色加重额头侧面、眉弓下方、眼眶、鼻梁左侧、鼻底面、颧骨下方和唇沟等凹陷处。身体的暗部以及服装对身体的投影也要表现出来。

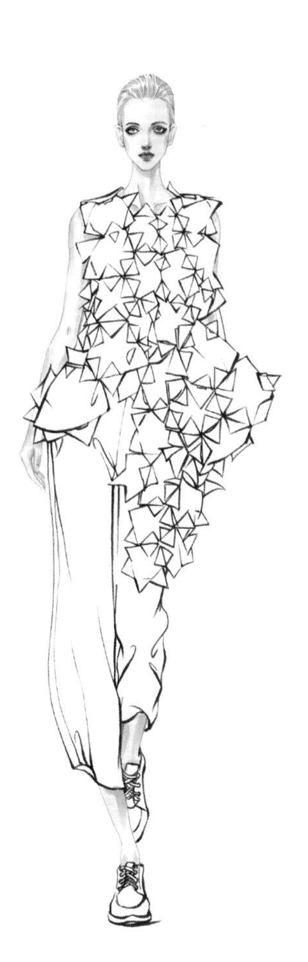

07 用淡棕黄色为头发着色，头发包裹着头部，着色时要表现出头部球体的明暗关系，头发最凸起区域有弧线形的留白。

08 用棕色加重头部两侧的暗面，根据头部的球体结构绘制出发丝。发际线和额头交接处的形状要自然。

09 用浅蓝绿色绘制出右侧服装，笔触不能太平均，肩头、前胸和小几何形的边缘要留白，使画面具有透气感。

10 用深绿色绘制出左侧服装，几何形在胯部堆叠的隆起处颜色适当浅一些。身体前方中心的深浅两色交界处适当加重，表现出一定的层次感。根据小几何形的转折用笔，留出狭窄的高光面。

11 用浅烟粉色以大笔触绘制出裤子。裤子的固有色很浅，需要大面积留白，在用笔时要根据腿部结构和褶皱起伏来绘制，笔触需表现出"面"的转折。用浅灰绿色绘制鞋子的颜色，鞋子的亮部也要大量留白。

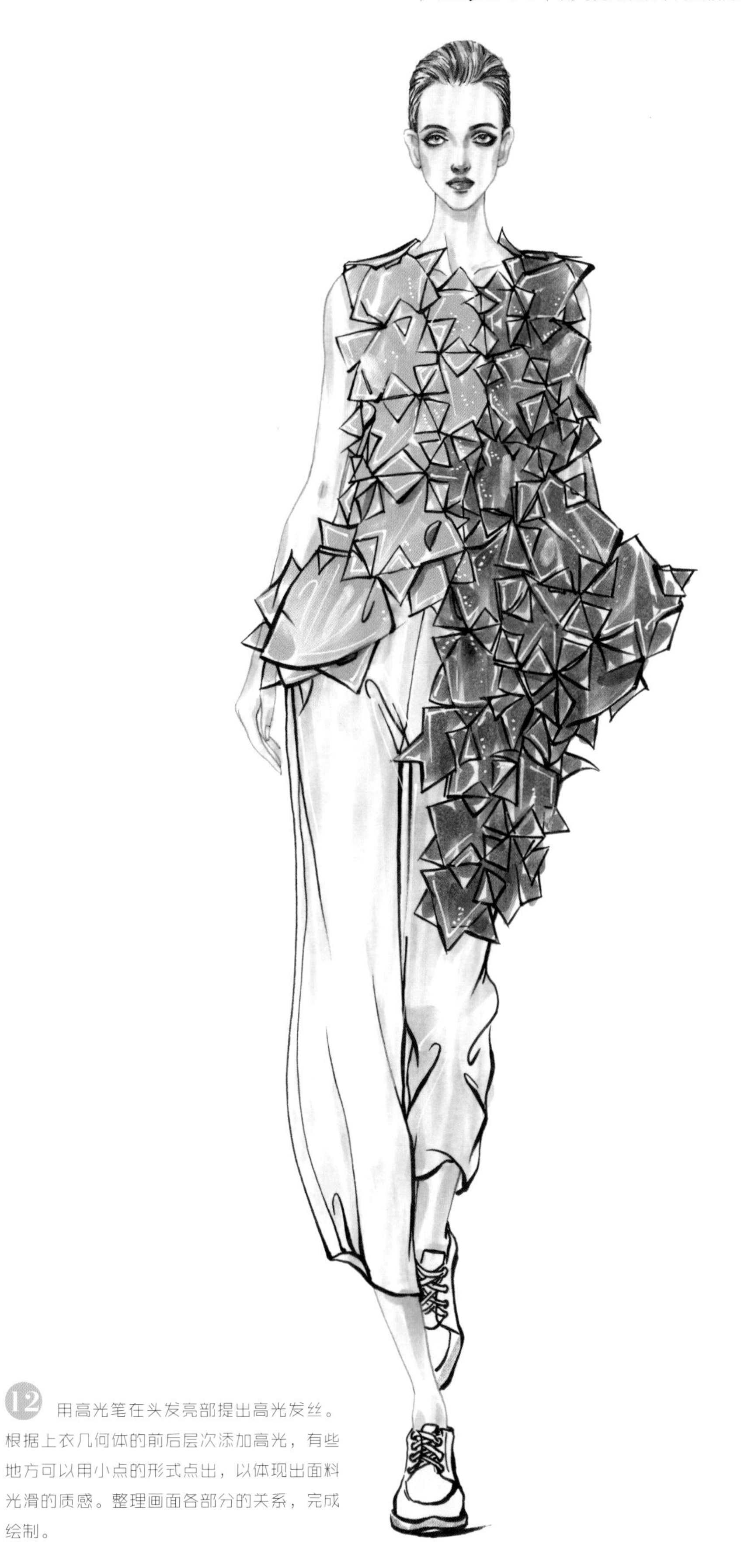

12 用高光笔在头发亮部提出高光发丝。根据上衣几何体的前后层次添加高光，有些地方可以用小点的形式点出，以体现出面料光滑的质感。整理画面各部分的关系，完成绘制。

4.7.2 立体构成风作品范例

附录 时装画临摹范例

NINA

DingXiang 2017.8.18.

2017.1.24

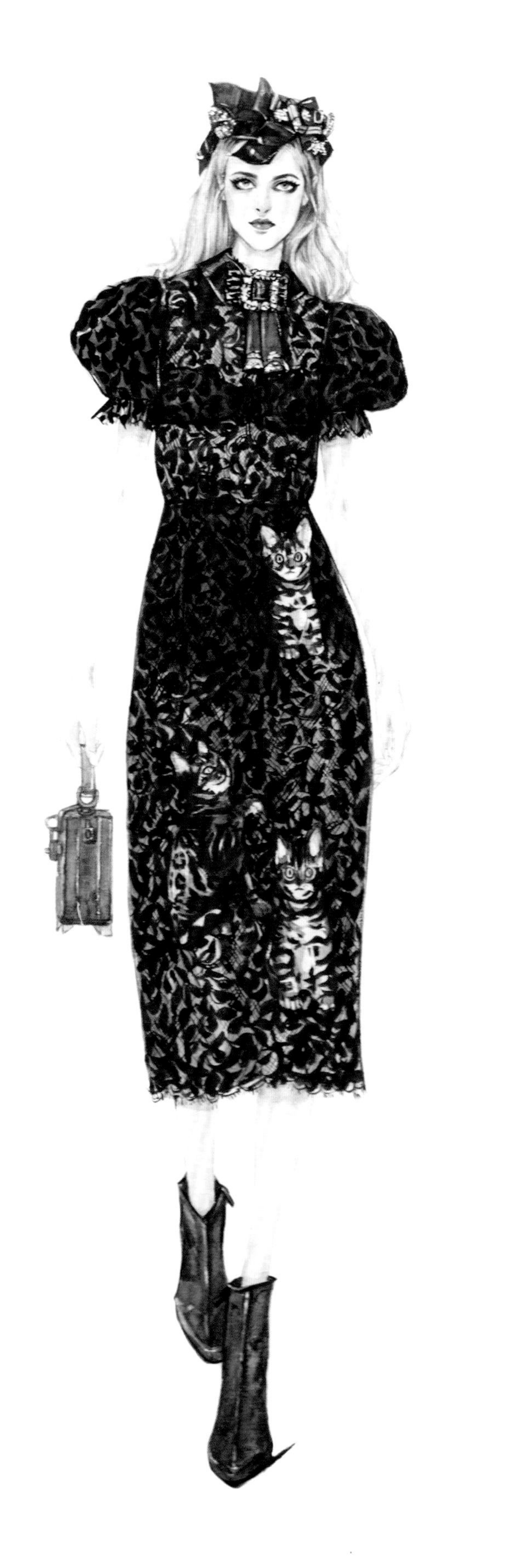

gattopardi

内 容 简 介

时装画是以时装为载体的视觉传达艺术，它通过对服装与人体的造型设计，借助廓形、款式、色彩、材质、配饰等多种服装元素，表现出多样化、多元化、多类型的特性。时装画不仅是服装设计专业的基础性技术学科和服装产业中必备的技术手段，也是一种独立的艺术表现形式。

本书详细介绍如何把设计思路转化绘制成时装画的过程。全书共有四章，分别介绍绘制时装画的常用工具与绘制的基本技法，时装画常用人体比例及局部人体结构分析，不同妆容及各款发型的表现，时装画常用人体动态，如何运用彩铅笔、水彩、马克笔来绘制不同质感的服饰，以及箱包、皮靴、帽子、珠宝等各类时尚配饰的表现方法。

图书在版编目（CIP）数据

时装画手绘表现技法：从基础到进阶全解析 / 丁香编著．-- 北京：北京希望电子出版社，2017.11

ISBN 978-7-83002-544-1

Ⅰ．①时… Ⅱ．①丁… Ⅲ．①时装-绘画技法 Ⅳ．①TS941.28

中国版本图书馆 CIP 数据核字 (2017) 第 218070 号

出版：北京希望电子出版社

地址：北京市海淀区中关村大街 22 号 中科大厦 A 座 9 层

邮编：100190

网址：www.bhp.com.cn

电话：010-82620818（总机）转发行部

010-82626237（邮购）

传真：010-62543892

经销：各地新华书店

责任编辑：安　源

封面设计：棠　棠　多　多

策划编辑：苏　简

助理编辑：程晓茜

开本：889mm×1194mm　1/16

印张：16

字数：565 千字

印刷：河北京平诚乾印刷有限公司

版次：2025 年 2 月 1 版 24 次印刷

定价：89.90 元